新编传感实验教程

主　编　熊正烨　李永强
副主编　张根全　王念萍　赵桂艳

U0194117

科学出版社
北　京

内 容 简 介

本书是电子科学与技术本科专业实验课程教材之一,在多年实验课程教学讲义的基础上,对实验课程内容进行了调整、补充和修订,适当加深了内容的广度和深度,努力体现教材的基础性、实用性、先进性和灵活性。全书共 12 章,除引言部分外,其他章节都是先对各种传感器的实验原理和器件做尽量详细的介绍,而后做实验介绍。数据处理和误差分析等问题应该是低年级的基础实验如大学物理实验等实验课程训练中已经解决了的问题,因此本书实验内容和步骤等介绍相对简单,没有给出数据表格,也没有强调数据处理和误差分析。

本书除了可作为电子科学与技术专业器件类实验课程的教材外,也可作为电子或传感类相关专业的实验课程教材,还可供相关专业的研究生、教学人员和科技人员学习和参考使用。

图书在版编目(CIP)数据

新编传感实验教程/熊正烨,李永强主编. —北京:科学出版社,2019.3
ISBN 978-7-03-060894-9

Ⅰ. ①新… Ⅱ. ①熊… ②李… Ⅲ. ①传感器–实验–高等学校–教材
Ⅳ. ①TP212-33

中国版本图书馆 CIP 数据核字(2019)第 050414 号

责任编辑:郭勇斌 彭婧煜 / 责任校对:邹慧卿
责任印制:赵 博 / 封面设计:无极书装

科 学 出 版 社 出版
北京东黄城根北街 16 号
邮政编码:100717
http://www.sciencep.com

北京中石油彩色印刷有限责任公司 印刷
科学出版社发行 各地新华书店经销
*

2019 年 3 月第 一 版 开本:720 × 1000 1/16
2024 年 1 月第六次印刷 印张:13
字数:255 000

定价:48.00 元
(如有印装质量问题,我社负责调换)

前　言

　　根据多年教学和科研实践，结合传感基础实验和传感综合实验课程的特点，期望充分利用实验室现有相关教学设备，达成更好的教学效果，我们编写了这本实验教材。

　　可能有些指导传感实验课的老师有体会，觉得传感实验课上起来不合拍：一方面，学生在实验过程中觉得实验很容易，对照着仪器说明书按部就班接好线，很快就完成了实验；另一方面，学生在实验完成之后仍然觉得没学到什么东西，好像就是走了个过场。这是因为，实验预习和实验过程中缺少必要的思考。目前市场上现成的传感器实验教学设备对应的说明书和最初开发者们写的实验设计主要是针对专科或者技工学校的学生，所以实验设计相对简单。因此，在教学实践中还要根据学生的特点重新设计教学实验。广东海洋大学在教学实践中，组织老师根据现有的实验仪器和实验仪器说明书重新设计实验，将新的实验设计做成小册子发给上课的学生，这些小册子几易其稿后逐渐变成了实验编成讲义。近年来，广东海洋大学联合浙江高联电子设备有限公司和华南农业大学的部分研究人员、老师集中精力修改整理以前的部分散本实验讲义，汇编成册，形成本教材初稿，在科学出版社的帮助下出版。希望本书的出版是对现有同类教材的补充和深化，可更好地为传感实验教学服务。

　　对于传感类的实验课，有些专业是单独设课，部分专业是与理论课程配合进行。我们一共整理了 28 个实验，有基础实验，也有综合实验，每个实验一般安排 2 学时。相对来说，综合实验的内容较难，同时学生可自由发挥的内容也较多，教学实践中可根据学生实际情况适当延长学时。教师可根据专业的实际情况选做部分实验。教材中先给出了实验所涉及的基础知识，包括工作原理、器件结构、测试电路等，学生实验前必须认真阅读这些基础知识，这样在实验过程中才可能做到心里有数。这些实验主要是针对高年级本科生，因此教材中没有给出数据记录表，都要求学生自行设计，且这些工作应该在预习阶段完成。电路的接线图不是直接给出图形，而是以文字的形式描述，学生根据文字描述的思路接线，对电路的理解会更加深刻。原理部分尽量去复杂化，学生在预习或实验过程中，如遇到不懂的问题再次查阅也很方便。

由于时间仓促，编者水平有限，书中不完善的地方和不足之处在所难免，希望广大读者给予批评指正，以便日后在修订版中逐渐完善。

编　者

2018 年 10 月

目　　录

第0章 引 言

传感器(transducer/sensor)是一种检测装置或器件,它能感受到被测量信息,并能将感受到的信息,按一定规律变换成为电信号或其他方便人类观测的信号输出,以满足信息的传输、处理、存储、显示、记录和控制等要求。新国家标准 GB/T 7665—2005 对传感器的定义是:"能感受被测量并按照一定的规律转换成可用输出信号的器件或装置,通常由敏感元件和转换元件组成"。当输出为规定的标准信号时,则称为变送器(transmitter)。

传感器早已渗透到我们的日常生活、工业生产、宇宙开发、海洋探测、环境保护、资源调查、医学诊断、生物工程甚至文物保护等极其广泛的领域。可以毫不夸张地说,从茫茫的太空,到浩瀚的海洋,以及各种复杂的工程系统,几乎每一个现代化项目,都离不开各种各样的传感器。

传感器的特点和趋势为微型化、数字化、智能化、多功能化、系统化、网络化,它是实现自动检测和自动控制的首要环节。通常根据其基本感知功能分为热敏元件、光敏元件、气敏元件、力敏元件、磁敏元件、湿敏元件、射线敏感元件等多种类型的传感器。

对一般传感器用户来说,可能只需根据器件出厂的标定,利用传感器得到相应的测试结果就够了。但对广大技术人员,特别是自动化装置设计和测试系统设计的技术人员,传感器选用是否合适,需要先对传感器进行标定再作判断。

传感器的标定分为静态标定和动态标定两种。静态标定的目的是确定传感器的静态特性指标,包括线性度、灵敏度、分辨率、迟滞、重复性等。动态标定的目的是确定传感器的动态特性参数,如频率响应、时间常数、固有频率和阻尼比等。对传感器的标定是根据标准仪器与被标定传感器的测试数据进行的,即利用标准仪器产生已知的非电量并输入待标定的传感器中,然后将传感器的输出量与输入的标准量进行比较,从而得到一系列标准数据或曲线。实际应用中,输入的标准量可用标准传感器检测得到,即将待标定的传感器与标准传感器进行比较,因此只有当标准仪器的测量精度高于被标定传感器的测量精度至少一个等级时,被标定的传感器的测量结果才是可信的。

0.1 传感器的静态标定

静态标定是指确定传感器的静态特性参数。

0.1.1　传感器的静态特性

所谓静态特性是指对静态的输入信号，传感器的输出量与输入量之间所具有的相互关系。因为这时输入量和输出量都和时间无关，所以它们之间的关系即传感器的静态特性可用一个不含时间变量的代数方程描述，或以输入量作横坐标，把与其对应的输出量作纵坐标而画出的特性曲线来描述。表征传感器静态特性的主要参数有：线性度、线性拟合、灵敏度与分辨力、迟滞(滞环)、重复性、精度等。

1. 线性度

线性度(linearity)是指传感器输出量与输入量之间的实际静态特性曲线偏离拟合直线的程度，通常用非线性误差来衡量。非线性误差的定义为在全量程范围内实际静态特性曲线与拟合直线之间的最大偏差值与满量程输出值之比，如图 0-1 所示。

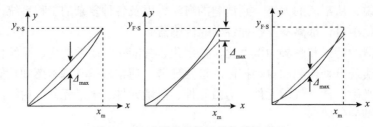

图 0-1　传感器静态特性的非线性误差

非线性误差(线性度)属系统误差：

$$\delta_{\mathrm{L}} = \pm \frac{\Delta_{\max}}{y_{\mathrm{F\cdot S}}} \times 100\% \tag{0-1}$$

式中，δ_{L} 为非线性误差(线性度)；$\Delta_{\max}$ 为实际静态特性曲线与拟合直线之间的最大偏差值；$y_{\mathrm{F\cdot S}}$ 为满量程输出值。

2. 线性拟合

线性拟合(linear fitting)常用最小二乘法来确定。根据误差理论，当采用最小二乘法来确定一组实验数据的最佳拟合直线时，可以得到最小的非线性误差。

设 y 和 x 之间满足线性关系：

$$y = a + Kx$$

假设实际测试点有 n 个，即测试点 (x_i, y_i)，$i = 1, 2, \cdots, n$。第 i 个测试点数据 (x_i, y_i) 与拟合直线上相应值之间的残差为

$$v_i = y_i - (a + Kx_i)$$

最小二乘法原理就是要使 $V = \sum_{I=1}^{n} v_i^2$ 最小，这就要求 V 对 a 和 K 的一阶偏导数为 0，即

$$\frac{\partial V}{\partial a} = 0, \quad \frac{\partial V}{\partial K} = 0$$

由数学推导可得拟合直线方程的待定参数 a、K 分别为

$$a = \frac{\sum\limits_{i=1}^{n} x_i \sum\limits_{i=1}^{n}(x_i y_i) - \sum\limits_{i=1}^{n} x_i^2 \sum\limits_{i=1}^{n} y_i}{\left(\sum\limits_{i=1}^{n} x_i\right)^2 - n\sum\limits_{i=1}^{n} x_i^2} = \frac{1}{n}\left(\sum\limits_{i=1}^{n} y_i - K\sum\limits_{i=1}^{n} x_i\right) = \bar{y} - K\bar{x} \tag{0-2a}$$

$$K = \frac{\sum\limits_{i=1}^{n} x_i \sum\limits_{i=1}^{n} y_i - n\sum\limits_{i=1}^{n}(x_i y_i)}{\left(\sum\limits_{i=1}^{n} x_i\right)^2 - n\sum\limits_{i=1}^{n} x_i^2} \tag{0-2b}$$

3. 灵敏度与分辨力

灵敏度(sensitivity)是传感器静态特性的一个重要指标，其定义为输出量的增量与引起该增量的相应输入量的增量之比。用 S_n 表示灵敏度：

$$S_n = \frac{\mathrm{d}y}{\mathrm{d}x} \tag{0-3}$$

式中，$\mathrm{d}y$ 为输出量的增量；$\mathrm{d}x$ 为输入量的增量。

对于线性传感器，灵敏度就是它的静态特性的斜率；非线性传感器的灵敏度为一变量。曲线越陡峭，灵敏度越大；曲线越平坦，灵敏度越小，如图 0-2 所示。灵敏度实质上是一个放大倍数，体现了传感器将被测量的微小变化放大为显著变化的输出信号的能力，即传感器对输入变量微小变化的敏感程度。

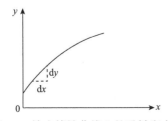

图 0-2　输出特性曲线上的灵敏度表示

通常用拟合直线的斜率表示系统的平均灵敏度。一般希望传感器灵敏度高，但是灵敏度越高越容易受到外界干扰的影响，系统稳定性可能就越差。

分辨力(resolution)是指当传感器的输入从非零值缓慢增加时，在超过某一增量后输出可观测的变化量，这个输入增量称为传感器的分辨力，即最小输入增量。它和灵敏度也是相关的。分辨力和阈值有时相同，有时不同。阈值是指当输入信号从零值开始缓慢增加时，在达到某一值后传感器才输出可观测的变化量，这个输入信号值称为传感器的阈值。

4. 迟滞(滞环)

迟滞(滞环)(hysteresis)是指对于同一大小的输入信号，传感器的正(输入信号由小逐渐增大)、反(输入信号由大逐渐减小)行程的输出信号大小不相等的现象，如图 0-3 所示。

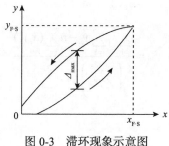

图 0-3　滞环现象示意图

迟滞误差(属系统误差)δ_H：

$$\delta_H = \pm \frac{\Delta_{max}}{y_{F\cdot S}} \times 100\% \tag{0-4}$$

5. 重复性

重复性(repeatability)表示传感器在输入量按同一方向作全量程连续多次变动时所得特性曲线不一致的程度，如图 0-4 所示。重复性能的好坏用不重复性误差(属随机误差)来表示。

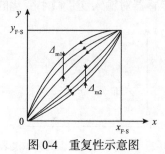

图 0-4　重复性示意图

不重复性误差 δ_{R}：

$$\delta_{\mathrm{R}} = \pm \frac{\varDelta_{\max}}{y_{\mathrm{F \cdot S}}} \times 100\%$$ (0-5)

或

$$\delta_{\mathrm{R}} = \pm \frac{(2 \sim 3)\sigma}{y_{\mathrm{F \cdot S}}} \times 100\%$$ (0-6)

式中，σ 为标准偏差，即

$$\sigma = \sqrt{\frac{\sum\limits_{i=1}^{n}(y_i - \bar{y})^2}{n-1}}$$ (0-7)

式中，y_i 为第 i 次测量值；$\bar{y}$ 为测量值的算术平均值；n 为测量总次数。

6. 精度

传感器的精度（accuracy）是指其测量结果的可靠程度，它由其量程范围内的最大基本误差与满量程输出值之比的百分数表示。基本误差由系统误差和随机误差两部分组成，故

$$A = \frac{\varDelta A}{y_{\mathrm{F \cdot S}}} \times 100\% = \delta_{\mathrm{L}} + \delta_{\mathrm{H}} + \delta_{\mathrm{R}}$$ (0-8)

式中，$\varDelta A$ 为测量范围内允许的最大基本误差。

传感器的精度用精度等级表示，如 0.05 级、0.1 级、0.2 级、0.5 级、1.0 级、1.5 级、2.5 级等。

当传感器偏离规定的正常工作条件时还存在附加误差，测量时应予以考虑。

0.1.2　静态标定方法

传感器的静态精度需经校准确定。校准是在传感器的测量范围内，用一个标准仪表对测量结果进行对比。传感器校准必须符合有关传感器校准的规程，采用规定的设备和方法。为了保证传感器测量结果的可靠性与精确度，也为了保证测量的统一和便于量值的传递，国家建立了各类传感器的检定标准，并设有标准测试装置和仪作为量值传递基准，以便对新生产的传感器或使用过一段时间的传感器的灵敏度、线性度等进行校准，保证测量数据的可靠性。

在标定传感器时，所用测量仪器的精度至少要比被标定传感器的精度高一个等级。这样，通过标定确定的传感器的静态性能指标才是可靠的，所确定的精度才是可信的。在国内，标定的过程一般分为三级：国家计量院进行的标定是一级精度的标准传递；其标定的传感器叫标准传感器，具有二级精度；用标准传感器对出厂的传感器和其他需要校准的传感器进行标定，得到的传感器具有三级精度。

对传感器进行静态特性标定，首先是创造一个静态标准条件；其次是选择与被标定传感器的精度要求相适应的一定等级的标定用的仪器设备；最后才能开始对传感器进行静态特性标定。

通常的标定过程如下：

1) 将传感器全量程(测量范围)分成若干等间距点；

2) 根据传感器量程分点情况，由小到大逐点输入标准值，并记录相对应的输出值；

3) 将输入值由大到小逐点减少，同时记录与各输入值相对应的输出值；

4) 按 2)、3) 所述过程，对传感器进行正、反行程的往复循环多次测试，将得到的输出-输入测试数据列成表格或画成曲线；

5) 对测试数据进行必要的处理，根据处理结果就可以确定传感器的线性度、灵敏度、迟滞和重复性等静态特性参数。

0.2 传感器的动态标定

动态标定的目的是确定传感器的动态特性参数，如频率响应、时间常数、固有频率和阻尼比等。

0.2.1 传感器的动态特性

动态特性是指传感器对于随时间变化的输入信号 $x(t)$ 的响应特性，即 $y(t) = f[x(t)]$ 。

理想传感器： $y(t)$ 与 $x(t)$ 的时间函数表达式相同；

实际传感器： $y(t)$ 与 $x(t)$ 的时间函数在一定条件下基本保持一致。

动态特性的描述方法主要有三种：在时域用微分方程；在复频域用传递函数 $H(s)$ ；在频域用频率特性 $H(j\omega)$ ，如图 0-5 所示。

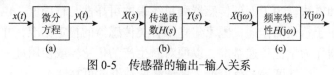

图 0-5 传感器的输出-输入关系

(a) 时域；(b) 复频域；(c) 频域

有的传感器的动态响应可用一阶微分方程描述，如热电偶测温系统、弹簧+阻尼器系统等，这种传感器也称为一阶传感器。绝大多数传感器系统属于一阶传感器系统，或可近似为一阶传感器系统。也有少数传感器的动态响应必须用二阶微分方程描述，如质量块+弹簧+阻尼器系统等，这种传感器称为二阶传感器。

1. 一阶传感器的频率响应

一阶传感器的动态响应可用一阶微分方程描述，其通用形式为

$$\tau \frac{\mathrm{d}y(t)}{\mathrm{d}t} + y(t) = Kx(t) \tag{0-9}$$

式中，τ 为传感器的时间常数，具有时间量纲；K 为传感器的静态灵敏度 $(K=b_0/a_0)$，具有输出/输入量纲。例如，热电偶的输出信号为电压，单位为 mV；输入信号为温度，单位为 ℃。因此，热电偶传感器的静态灵敏度 K 的单位为 mV/℃，τ 的单位常为 ms。

一阶传感器的传递函数为

$$H(s) = \frac{K}{1 + \tau s} \tag{0-10}$$

频率特性为

$$H(\mathrm{j}\omega) = \frac{K}{1 + \mathrm{j}\omega\tau} \tag{0-11}$$

根据频率特性很容易写出幅频特性和相频特性：

$$A(\omega) = \left| H(\mathrm{j}\omega) \right| = \frac{K}{\sqrt{1 + (\omega\tau)^2}} \tag{0-12a}$$

$$\varphi(\omega) = \arctan(-\omega\tau) = -\arctan(\omega\tau) \tag{0-12b}$$

由此可见，与动态响应有关的参数，一阶传感器只有一个时间常数 τ。一阶传感器的频率响应特性曲线如图 0-6 所示。时间常数 τ 越小，频率响应特性越好。当 $\omega\tau \ll 1$ 时，$A(\omega)/K \approx 1$，其幅频特性与频率 ω 无关，表明传感器的输出与输入为线性关系；$\varphi(\omega)$ 很小，$\tan\varphi \approx \varphi$，$\varphi(\omega) \approx \omega\tau$，相位差 φ 与频率 ω 呈线性。此时可认为测试结果是无失真的，输出 $y(t)$ 真实地反映了输入 $x(t)$ 的变化规律。当 $\omega\tau > 0.3$ 时，随着 ω 的增大，$A(\omega)/K$ 逐渐减小，即测量结果开始出现不可忽略的失真。因此选择传感器时，时间常数 τ 是一个必须考虑的非常重要的参量。

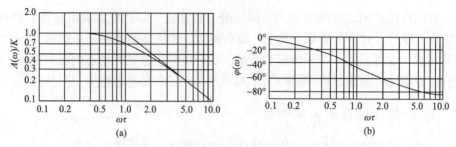

图 0-6　一阶传感器的频率响应特性曲线

(a) 幅频特性；　(b) 相频特性

2. 二阶传感器的频率响应

二阶传感器的动态响应必须用二阶微分方程描述，其标准形式为

$$\frac{1}{\omega_{\mathrm{n}}^2}\frac{\mathrm{d}^2 y(t)}{\mathrm{d}t^2} + \frac{2\zeta}{\omega_{\mathrm{n}}}\frac{\mathrm{d}y(t)}{\mathrm{d}t} + y(t) = Kx(t) \tag{0-13}$$

式中，ω_{n} 为传感器的固有角频率，是传感器固有频率 f_0 的 2π 倍；ζ 为传感器的阻尼比；K 为传感器的静态灵敏度。

二阶传感器的传递函数为

$$H(s) = \frac{K}{\dfrac{1}{\omega_{\mathrm{n}}^2}s^2 + \dfrac{2\zeta}{\omega_{\mathrm{n}}}s + 1} \tag{0-14}$$

频率特性为

$$H(\mathrm{j}\omega) = \frac{K}{1 + (\omega/\omega_{\mathrm{n}})^2 + 2\mathrm{j}\zeta(\omega/\omega_{\mathrm{n}})} \tag{0-15}$$

由频率特性易得到幅频特性和相频特性：

$$A(\omega) = |H(\mathrm{j}\omega)| = \frac{K}{\sqrt{\left[1-(\omega/\omega_{\mathrm{n}})^2\right]^2 + 4\zeta^2(\omega/\omega_{\mathrm{n}})^2}} \tag{0-16a}$$

$$\varphi(\omega) = -\arctan\frac{2\zeta(\omega/\omega_{\mathrm{n}})}{1-(\omega/\omega_{\mathrm{n}})^2} \tag{0-16b}$$

由此可见，与动态响应有关的参数，对二阶传感器，除时间常数 τ 外 (系统的

固有频率 ω_n 即为 $1/\tau$），还有传感器的阻尼比 ζ。二阶传感器的频率响应特性曲线如图 0-7 所示。

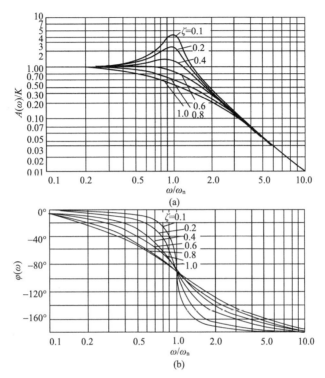

图 0-7　二阶传感器的频率响应特性曲线
(a) 幅频特性；(b) 相频特性

　　二阶传感器的频率响应特性，主要取决于传感器的固有频率 ω_n 和阻尼比 ζ。当 $\omega_n \geqslant \omega$ 时，$A(\omega)/K \approx 1$，频率特性平直，输出与输入为线性关系；$\varphi(\omega)$ 很小，且 $\varphi(\omega)$ 与 ω 为线性关系。此时可认为测试结果是无失真的，输出 $y(t)$ 真实地反映了输入 $x(t)$ 的变化规律。当 $\omega > \omega_n/5$，且 ζ 较小时，随着 ω 的增大，$A(\omega)/K$ 先增大后减小，在 $\omega \approx \omega_n$ 时产生谐振，可以获得最大的振幅增量。一般传感器设计时，必须使 $\zeta < 1(\zeta = 0.6 \sim 0.8)$ 且 $\omega < \omega_n/5$。

0.2.2　动态标定方法

　　动态特性是指当传感器的输入信号变化时，它的输出特性。在实际标定工作中，传感器的动态特性常用它对某些标准输入信号的响应来表示。这是因为传感器对标准输入信号的响应容易用实验方法求得，并且它对标准输入信号的响应与它对任意输入信号的响应之间存在一定的关系，往往知道了前者就能推定后者。

最常用的标准输入信号有阶跃信号和正弦信号两种，所以传感器的动态特性也常用阶跃响应和频率响应来表示。

1. 阶跃响应标定方法

阶跃响应也称为瞬态响应，就是给系统施加一个阶跃信号(也称为方波信号，方波圆频率的倒数要远大于系统的时间常数)，观测系统对此阶跃信号的输出响应，以求得系统的模型参数，从而得到系统的数学模型，如传递函数模型等。利用所得到的数学模型就可分析系统的动态特性。

单位阶跃输入如图 0-8(a)所示。信号可表示为

$$x(t) = \begin{cases} 0, & t < 0 \\ 1, & t \geqslant 0 \end{cases}$$

若系统为一阶传感器系统且假定静态灵敏度 $K=1$，则输出信号为

$$y(t) = 1 - \mathrm{e}^{-t/\tau} \tag{0-17}$$

式(0-17)的响应曲线如图 0-8(b)所示。其输出的初始值为 0，随着时间推移，y 接近稳态值 1，当 $t = \tau$ 时，$y = 0.632$。τ 是传感器系统的时间常数，τ 越小，响应越快，即响应更接近真实的输入信号。所以 τ 是一阶传感器(系统)动态响应的重要参数。

若系统为二阶传感器系统，则输出信号比较复杂，相应的输出信号波形如图 0-8(c)所示。输出信号可用式(0-18)~式(0-21)表示。

当 $0 \leqslant \zeta < 1$ 时，

$$y(t) = K\left[1 - \frac{\mathrm{e}^{-\zeta\omega_\mathrm{n}t}}{\sqrt{1-\zeta^2}}\sin\left(\omega_\mathrm{d}t + \arctan\frac{\sqrt{1-\zeta^2}}{\zeta}\right)\right] \tag{0-18}$$

式(0-18)表明，在 $0 < \zeta < 1$ 的情形下，二阶传感器系统对阶跃信号的响应为衰减振荡，其振荡角频率(阻尼振荡角频率)为 ω_d，幅值按指数衰减，ζ 越大，即阻尼越大，衰减越快。特别在 $\zeta = 0$ 时，无阻尼，即临界振荡情形。将 $\zeta = 0$ 代入式(0-18)，可得

$$y(t) = K\left[1 - \cos\left(\omega_\mathrm{n}t\right)\right] \tag{0-19}$$

这是一个等幅振荡过程，振荡频率就是系统的固有振荡频率，即 $\omega_\mathrm{d} = \omega_\mathrm{n}$。

当 $\zeta = 1$ 时，为临界阻尼情形，输出表达式为

$$y(t) = K\left[1 - e^{-\omega_n t}(1 + \omega_n t)\right] \tag{0-20}$$

式(0-20)表明传感器(系统)既无超调也无振荡。

当 $\zeta > 1$ 时，为过阻尼情形，输出表达式为

$$y(t) = K\left\{1 - \frac{1}{2\left(\zeta^2 - \zeta\sqrt{\zeta^2-1}-1\right)}\exp\left[-\left(\zeta - \sqrt{\zeta^2-1}\right)\omega_n t\right] \right.$$
$$\left. + \frac{1}{2\left(\zeta^2 + \zeta\sqrt{\zeta^2-1}-1\right)}\exp\left[-\left(\zeta + \sqrt{\zeta^2-1}\right)\omega_n t\right]\right\} \tag{0-21}$$

它有两个衰减的指数项，当 $\zeta \gg 1$ 时，其中后一个指数项比前一个指数项的衰减快得多，可忽略不计，这样二阶系统就可简化为一阶系统了。

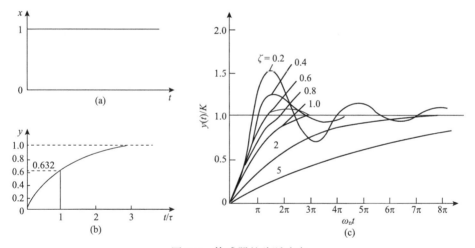

图 0-8　传感器的阶跃响应

(a)单位阶跃信号；(b)一阶传感器阶跃响应曲线；(c)二阶传感器阶跃响应曲线

2. 频率响应标定方法

频率响应(frequency response)是指一个幅度恒定的变频信号输入系统，观测系统的输出信号随频率的变化而发生增大或衰减，其相位随频率而发生变化的现象，即系统的输出信号幅度和相位与输入信号频率之间的变化关系。它可分为幅频特性和相频特性。相应的基础知识在 0.2.1 节中已经有较详细的描述。

频率响应标定的具体做法如下。

1)设计一个输入频率可变的且幅度稳定的正弦输入信号，此信号可用已知的

标准仪器准确测量，或可用已知方法对该信号进行准确计算。用待标定的传感器检测相应的幅频特性和相频特性。

2) 做出幅频特性曲线后，与图 0-6 和图 0-7 比对，若与图 0-6 相似则传感器属一阶响应系统，若与图 0-7 相似则传感器属二阶响应系统。

3) 对一阶响应系统，可用式 (0-12a) 拟合所测的幅频特性曲线，并计算出静态放大系数和时间常数。对二阶响应系统，可用式 (0-16a) 拟合所测的幅频特性曲线，并计算出系统的固有频率和阻尼系数。

4) 将计算所得的放大系数、时间常数、阻尼系数等值代入相频特性方程 (0-12b) 和 (0-16b)，与实验所测相频特性曲线比较是否吻合，若吻合则说明计算结果正确。

第1章　电阻应变式传感器原理及实验

电阻应变式传感器由弹性敏感元件、电阻应变片、补偿电阻及调理电路和外壳组成，可根据具体测量要求设计成多种结构形式。常用的电阻应变片有金属电阻应变片和半导体电阻应变片，当被测量作用在弹性元件上时，弹性元件的变形引起应变片的阻值变化，再通过信号调理电路将其转变成电压(或电流)输出以反映被测量的大小。电阻应变式传感器在几何量和机械量测量领域中应用广泛，常用来测量力、力矩、压力、位移、加速度等非电量。

1.1　金属电阻应变式传感器实验原理

金属电阻应变式传感器是一种利用金属电阻应变片将应变转换成电阻变化的传感器。由于金属电阻应变片用途相对广泛，且价格便宜，所以"应变片"通常就成了金属电阻应变片的简称。

1.1.1　金属电阻应变片的工作原理

1. 电阻-应变效应

当金属导体在外力作用下发生机械变形时，其电阻值将相应地发生变化，这种现象称为金属导体的**电阻-应变效应**。

金属导体的电阻-应变效应用**灵敏系数 K** 描述：

$$K = \frac{\Delta R / R}{\Delta l / l} = \frac{\Delta R / R}{\varepsilon} \tag{1-1}$$

式中，$\varepsilon = \Delta l / l$，为轴向应变。

考虑一段金属导体(l, ρ, S)的电阻-应变效应，如图 1-1 所示。

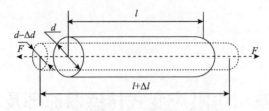

图 1-1　金属导体的电阻-应变效应

未受力时，原始电阻为

$$R = \rho \frac{l}{S} \tag{1-2}$$

当受拉力 F 作用时，将伸长 Δl，横截面积相应减小 ΔS，电阻率 ρ 则因晶格变形等因素的影响而改变 $\Delta \rho$，故引起电阻变化 ΔR。将式 (1-2) 进行全微分，并用相对变化量表示，则有

$$\frac{\Delta R}{R} = \frac{\Delta l}{l} - \frac{\Delta S}{S} + \frac{\Delta \rho}{\rho} \tag{1-3}$$

式中，$\Delta l / l = \varepsilon$ 为金属导体电阻丝的轴向应变，常用单位 $\mu\varepsilon$（$\mu\varepsilon = 1 \times 10^{-6}$ mm/mm）

由于 $S = \pi d^2 / 4$，则 $\Delta S / S = 2\Delta d / d$，其中 $\Delta d / d$ 为横向（纵向）应变；且由材料力学知 $\Delta d / d = -\mu\varepsilon$，式中 μ 为金属材料的泊松比。将上述关系代入式 (1-3) 得

$$\frac{\Delta R}{R} = (1 + 2\mu)\varepsilon + \Delta \rho / \rho \tag{1-4}$$

其灵敏系数为

$$K = \frac{\Delta R / R}{\varepsilon} = (1 + 2\mu) + \frac{\Delta \rho / \rho}{\varepsilon} \tag{1-5}$$

对于金属材料，$\Delta \rho / \rho$ 较小，可以略去；且 $\mu = 0.2 \sim 0.4$，$K \approx 1 + 2\mu = 1.4 \sim 1.8$。但实际测得 $K \approx 2.0$，说明 $(\Delta \rho / \rho) / \varepsilon$ 项对 K 有一定影响，不可忽略。

一般情况下，在应变极限内，金属材料电阻的相对变化与应变成正比，即

$$\Delta R / R = K \cdot \varepsilon \tag{1-6}$$

2. 应变片的测试原理

当使用应变片测量应变或应力时，将应变片牢固地黏贴在弹性试件上，当试件受力变形时，应变片电阻变化 ΔR。如果应用测量电路和仪器测出 ΔR，根据式

(1-6)可得弹性试件的应变值 ε，而根据应力–应变关系可得被测应力值 σ：

$$\sigma = E\varepsilon \tag{1-7}$$

式中，E 为试件材料弹性模量；σ 为试件的应力；ε 为试件的应变。

$$力 F \Rightarrow 应力\ \sigma(\sigma = F/S) \Rightarrow 应变\ \varepsilon(\varepsilon = \sigma/E) \Rightarrow \Delta R$$

当有力作用在弹性敏感元件上时，弹性敏感元件产生应变。由于应变片与弹性敏感元件黏附在一起，应变片与弹性敏感元件的应变一致，知道应变片的应变也就知道弹性元件产生应变，从而可知引起弹性元件产生应变的应力和力。这就是应变片的测试原理，利用此原理可设计各种电阻应变式传感器。

1.1.2　金属电阻应变片的结构、材料和类型

金属电阻应变片的结构如图 1-2 所示，由敏感栅、基底和盖片、引线、黏结剂组成。

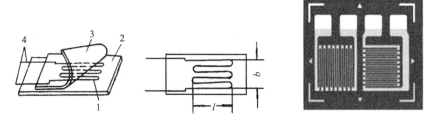

图 1-2　电阻应变片的基本结构和实际照片

1. 敏感栅；2. 基底；3. 盖片；4. 引线

1. 敏感栅

1)丝式应变片，$\phi = 0.012 \sim 0.05$ mm，金属细丝绕成细状，栅长为 0.2 mm、0.5 mm、1.0 mm、100 mm、200 mm 等。

2)箔式应变片，由厚度为 $0.003 \sim 0.01$ mm 的金属箔片制成各种图形的敏感栅，亦称应变花。

2. 基底和盖片

基底和盖片的作用是保持敏感栅和引线的几何形状和相对位置不变，并且有绝缘作用。一般为 $0.02 \sim 0.05$ mm 厚度的环氧树脂、酚醛树脂等胶基材料。对基底和盖片材料的性能要求有：机械强度好，挠性好；粘贴性能好；电绝缘性好；

热稳定性好；无迟滞和蠕变。

3. 引线

作用：连接敏感栅和外接导线。

一般采用 $\phi = 0.05 \sim 0.1$ mm 的银铜线、铬镍线、卡马线、铁铅丝等，与敏感栅进行点焊焊接。

4. 黏结剂

作用：将敏感栅固定于基片上，并将盖片与基底黏结在一起。使用时，用黏结剂将应变片粘贴在试件的某一方向和位置，以便感受试件的应变。

黏结剂材料：有机和无机两大类。

粘贴工艺：应变片静放于试件上，粘贴牢固可靠。

1.1.3　金属电阻应变片的主要特性

1. 应变片的电阻值

应变片在不受外力作用情况下，于室温条件测定的电阻值(原始电阻值) R_0，已得到标准化。主要有 60 Ω、120 Ω、350 Ω、600 Ω、1000 Ω 等各种规格。

2. 绝缘电阻

敏感栅与基底之间的电阻值，一般应大于 10^{10} Ω。

3. 灵敏系数

应变片的电阻-应变特性与金属丝的不同，须用实验法对应变片的灵敏系数 K 重新测定。测定时将应变片安装于试件(泊松比 $\mu = 0.285$ 的钢材)表面，在其轴线方向的单向应力作用下，且保证应变片轴向与主应力轴向一致的条件下，测定应变片阻值的相对变化与试件表面上安装应变片区域的轴向应变之比，即 $K = (\Delta R / R) / (\Delta l / l)$，而且一批产品只能进行抽样(5%)测定，取平均值及允许公差值为应变片的灵敏系数，有时称"标称灵敏系数"。

4. 允许电流

允许电流是指不因电流产生的热量影响测量精度，应变片允许通过的最大电流。

静态测量时，允许电流一般为 25 mA；

动态测量时，允许电流可达 75 ~ 100 mA。

1.1.4　金属电阻应变片的测量电路

电阻应变式传感器的测量电路常采用电桥电路，如图 1-3 所示。

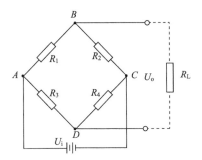

图 1-3　电阻应变式传感器的测量电路

1. 直流电桥的主要特性

当 $R_L \to \infty$ 时，电桥输出阻抗电压：

$$U_o = \left(\frac{R_1}{R_1 + R_2} - \frac{R_3}{R_3 + R_4} \right) U_i$$

$$= U_i \frac{R_1 R_4 - R_2 R_3}{(R_1 + R_2)(R_3 + R_4)}$$

当电桥各桥臂均有相应电阻变化 ΔR_1、ΔR_2、ΔR_3、ΔR_4 时，

$$U_o = U_i \frac{(R_1 + \Delta R_1)(R_4 + \Delta R_4) - (R_2 + \Delta R_2)(R_3 + \Delta R_3)}{(R_1 + \Delta R_1 + R_2 + \Delta R_2)(R_3 + \Delta R_3 + R_4 + \Delta R_4)}$$

$$= U_i \frac{R(\Delta R_1 - \Delta R_2 - \Delta R_3 + \Delta R_4) + \Delta R_1 \Delta R_4 - \Delta R_2 \Delta R_3}{(2R + \Delta R_1 + \Delta R_2)(2R + \Delta R_3 + \Delta R_4)} \quad (R = R_1 = R_2 = R_3 = R_4)$$

$$= \frac{U_i}{4} \left(\frac{\Delta R_1}{R} - \frac{\Delta R_2}{R} - \frac{\Delta R_3}{R} + \frac{\Delta R_4}{R} \right) \quad (\Delta R_i \ll R)$$

$$= \frac{U_i}{4} K (\varepsilon_1 - \varepsilon_2 - \varepsilon_3 + \varepsilon_4)$$

（1-8）

讨论：

1) 当 $R \gg \Delta R_i$ 时，电桥的输出电压与应变呈线性关系。

2) 若相邻两桥臂的应变极性一致，即同为拉应变或压应变时，输出电压为两者之差；若相邻两桥臂的应变极性不一致，输出电压为两者之和。

3) 若相对两桥臂的应变极性一致，输出电压为两者之和；反之，输出电压为两者之差。

合理地利用上述特性来粘贴应变片，可以提高传感器的测量灵敏度和获得温度补偿等。

2. 单臂工作电桥及差动电桥

(1) 单臂工作电桥

设 $\Delta R_1 = \Delta R$，$\Delta R_2 = \Delta R_3 = \Delta R_4 = 0$，则

$$U_o = U_i \frac{\Delta R}{4R + 2\Delta R} = \frac{U_i}{4} \frac{\Delta R}{R} \frac{1}{1 + \frac{1}{2}K\varepsilon}$$

$$= \frac{U_i}{4} K\varepsilon \left[1 - \frac{1}{2}K\varepsilon + \frac{1}{4}K(K\varepsilon)^2 - \frac{1}{8}(K\varepsilon)^3 + \cdots \right] \tag{1-9}$$

线性输出为

$$U_o = \frac{U_i}{4} K\varepsilon \tag{1-10a}$$

非线性误差为

$$\delta_L = \frac{1}{2}K\varepsilon - \frac{1}{4}(K\varepsilon)^2 + \frac{1}{8}(K\varepsilon)^3 - \cdots \approx \frac{1}{2}K\varepsilon \tag{1-10b}$$

(2) 差动电桥

半桥差动：$\Delta R_1 = -\Delta R_2 = \Delta R$，$\Delta R_3 = \Delta R_4 = 0$，如图 1-4(a) 所示，即

$$U_o = \frac{U_i}{2} \frac{\Delta R}{R} = \frac{U_i}{2} K\varepsilon \tag{1-11}$$

全桥差动：$\Delta R_1 = -\Delta R_2 = -\Delta R_3 = \Delta R_4 = \Delta R$，如图 1-4(b) 所示，即

$$U_o = U_i \frac{\Delta R}{R} = U_i K\varepsilon \tag{1-12}$$

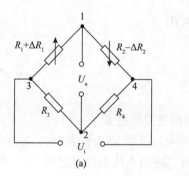
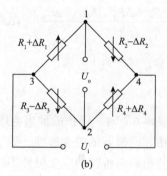

图 1-4　差动电桥电路

(a) 半桥差动；(b) 全桥差动

差动电桥不仅可以提高输出电压，而且还具有温度补偿作用。设温度变化所引起的附加应变为 ε_t 或附加电阻变化为 ΔR_t，如半桥差动，设 $\Delta R_1 = \Delta R + \Delta R_t$，$\Delta R_2 = -\Delta R + \Delta R_t$；$\varepsilon_1 = \varepsilon + \varepsilon_t$，$\varepsilon_2 = -\varepsilon + \varepsilon_t$；则

$$U_o = \frac{U_i}{4}\left(\frac{\Delta R + \Delta R_t}{R} - \frac{-\Delta R + \Delta R_t}{R}\right) = \frac{U_i}{4}\left(\frac{\Delta R}{R} + \frac{\Delta R}{R}\right)$$

$$= \frac{U_i}{2}\frac{\Delta R}{R} = \frac{U_i}{2}K\varepsilon$$

或

$$U_o - \frac{U_i}{4}K(\varepsilon_1 - \varepsilon_2) = \frac{U_i}{4}K\left[(\varepsilon + \varepsilon_t) - (-\varepsilon + \varepsilon_t)\right]$$

$$= \frac{U_i}{2}K\varepsilon$$

3. 常用的测量原理及电路

测量电路如图 1-5 和图 1-6 所示，图 1-5 中 R_5、R_6、R_7 为 350 Ω 固定电阻，R_1 为应变片；R_{w1} 和 R_8 组成电桥调平衡网络；E 为供桥电源，本实验中采用±4 V。图 1-6 中 R_1 和 R_2 为应变片，不同应力方向的两片应变片接入电桥作为邻边，可使输出灵敏度提高，非线性得到改善。

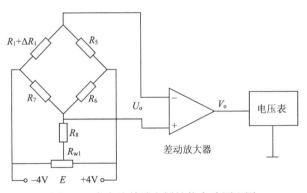

图 1-5　应变片单臂电桥性能实验原理图

差动放大器电路原理示意图如图 1-7 所示，图中左边是一级差动放大，右边为固定倍率二级放大。R_{w3} 为差动放大倍率调节电阻，R_{w4} 为二级放大的零点调节电阻。

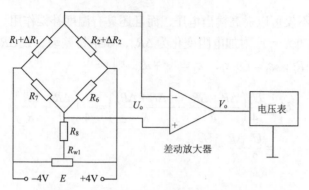

图 1-6　应变片双臂电桥性能实验原理图

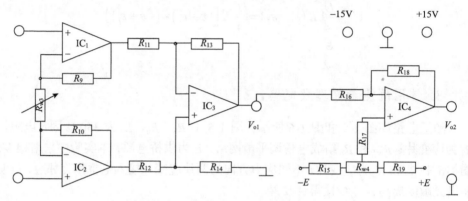

图 1-7　差动放大器电路原理示意图

1.1.5　电阻应变式传感器

电阻应变式传感器形式多样，有柱式(通常量程较大)、悬臂梁式、膜片式等，悬臂梁式传感器在日常生活中最为常见。

悬臂梁式传感器如图 1-8 所示，当力 F 作用在弹性臂梁自由端时，悬臂梁产

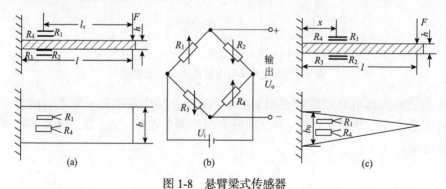

图 1-8　悬臂梁式传感器

(a)等截面梁；(b)应变片的连接电路；(c)等强度梁

生变形，在梁的上、下表面对称位置上应变大小相当，极性相反。若分别粘贴应变片 R_1、R_4 和 R_2、R_3，并接成差动电桥，则电桥输出电压 U_o 与力 F 成正比。

（1）等截面梁

$$\varepsilon_x = \frac{\sigma}{E} = \frac{6Fl_x}{bh^2E}, \quad \varepsilon_1 = \varepsilon_4 = \varepsilon_x, \quad \varepsilon_2 = \varepsilon_3 = -\varepsilon_x$$

上式中 l_x 为应变片离自由端的距离，h 为悬臂梁的厚度，b 为悬臂梁的宽度。则

$$U_o = \frac{U_i}{4}K(\varepsilon_1 - \varepsilon_2 - \varepsilon_3 + \varepsilon_4)$$

$$= U_iK\varepsilon_x = U_iK\frac{6Fl_x}{bh^2E}$$

被测力 F 为

$$F = \frac{bh^2E}{6Kl_xU_i}U_o \qquad (1\text{-}13)$$

（2）等强度梁

$$\varepsilon_x = \frac{6Fl}{b_0h^2E}$$

不随应变片粘贴位置变化

$$U_o = U_iK\varepsilon_x = U_iK\frac{6Fl}{b_0h^2E} \Rightarrow F = \frac{b_0h^2E}{6KlU_i}U_o$$

（3）其他特殊悬臂梁

如本实验中使用的双孔悬臂梁（图 1-9）。

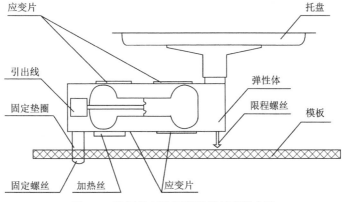

图 1-9　常用的双孔悬臂梁及其安装方法

在本实验中,应变传感器实验模板由应变式双孔悬臂梁载荷传感器(称重传感器)、加热器+5 V 电源输入口、多芯插头、应变片测量电路、差动放大器组成。实验模板中的 R_1(传感器的左下)、R_2(传感器的右下)、R_3(传感器的右上)、R_4(传感器的左上)为称重传感器上的应变片输出口;没有文字标记的 5 个电阻符号是空的,只是为了方便接线设立了多个插线孔,其中 4 个电阻符号组成的电桥模型是为电路初学者组成电桥接线方便而设;R_5、R_6、R_7 是 350 Ω 固定电阻,是为应变片组成单臂电桥、双臂电桥(半桥)而设的其他桥臂电阻。加热器+5 V 是传感器上的加热器的电源输入口,做应变片温度影响实验时用。多芯插头是振动源的振动梁上的应变片输入口,做应变片测量振动实验时用。

1.2　金属电阻应变式传感器实验

在该实验平台的基础上,可以完成金属电阻应变式传感器基础实验,也可以在添加其他辅助设备后完成金属电阻应变式传感器综合实验。

1.2.1　金属电阻应变式传感器基础实验

1. 实验目的

掌握电阻应变片的工作原理与应用,掌握应变片测量电路。

2. 需用器件与单元

浙江高联电子设备有限公司(以下简称浙江高联)传感实验系统主机箱中的 $\pm 2 \sim \pm 10$ V(步进可调)直流稳压电源、± 15 V 直流稳压电源、电压表;应变式传感器实验模板、托盘、砝码;数字多用表等。

3. 实验内容

(1)观测单个金属电阻与应变的关系

先安装好托盘,托盘中未放重物时,分别测量 4 个应变片 R_1、R_2、R_3、R_4 的阻值。在传感器的托盘上逐渐加置砝码,分别测量 R_1、R_2、R_3、R_4 的阻值变化,分析应变片的受力情况(受拉的应变片:阻值变大;受压的应变片:阻值变小)。

自行设计表格记录相应实验数据,并验证电阻变化和重物质量之间的线性关系。

(2)实验模板中的差动放大器调零

将应变传感器模板接上相应电源,将差动放大器输入端短路,用主机箱上的电压表测量差动放大器输出。先将电压表量程切换开关切换到 2 V 挡，检查接线无误后合上主机箱电源开关；调节放大器的增益电位器 R_{w3} 到合适位置(先顺时针轻轻转到底，再逆时针回转 1 圈)后，再调节实验模板放大器的调零电位器 R_{w4}，使电压表显示为 0。

在此实验过程中将差动放大器的输出 V_{o1} 和 V_{o2} 都调为 0，检测过程中要注意电压表量程的切换。

(3)应变片单臂电桥实验

关闭主机箱电源后，将 R_1 接入桥式电路，将电桥输出接入差动放大器的输入端，电桥驱动接上±4 V 挡电压。检查接线无误后合上主机箱电源开关。当托盘内未放置砝码时，调节实验模板上的桥路平衡电位器 R_{w1}，使主机箱电压表显示为 0；在传感器的托盘上依次放置 1 只 20 g 砝码，直至 10 只(尽量靠近托盘的中心点放置)，读取相应的数字多用表电压值，记下实验数据。

(4)应变片双臂电桥实验

关闭主机箱电源后，将 R_1、R_2 作为电桥的邻臂接入桥式电路，将电桥输出接入差动放大器的输入端，电桥驱动接上±4 V 挡电压。检查接线无误后合上主机箱电源开关。当托盘内未放置砝码时，调节实验模板上的桥路平衡电位器 R_{w1}，使主机箱电压表显示为 0；在传感器的托盘上依次放置 1 只 20 g 的砝码，直至 10只(尽量靠近托盘的中心点放置)，读取相应的数字多用表电压值，记下实验数据。

(5)应变片全臂电桥实验

关闭主机箱电源后，将 R_1、R_2、R_3、R_4 作为电桥臂接入桥式电路，将电桥输出接入差动放大器的输入端，电桥驱动接上±4 V 挡电压。检查接线无误后合上主机箱电源开关。当托盘内未放置砝码时，调节实验模板上的桥路平衡电位器 R_{w1}，使主机箱电压表显示为 0；在传感器的托盘上依次放置 1 只 20 g 的砝码，直至 10 只(尽量靠近托盘的中心点放置)。读取相应的数字多用表电压值，记下实验数据。

(6)绘制曲线

根据 (3)、(4)、(5) 实验过程中的数据做出曲线，并计算系统灵敏度 $S=\Delta V/\Delta W$(ΔV 为输出电压变化量，ΔW 为重量变化量)和非线性误差 δ，$\delta=\Delta m/y_{F \cdot S}\times100\%$，式中，$\Delta m$ 为输出值(多次测量时为平均值)与拟合直线的最大偏差；$y_{F \cdot S}$ 为满量程输出平均值，此处为 200 g。因此实验数据处理需要对数据进行最小二乘法直线拟合(可用专门的数据处理软件完成)。

(7)实验分析

根据实验及数据处理所得的单臂、半桥和全桥输出时的灵敏度和非线性度，与理论值进行分析比较。

4. 思考题

1) 半桥和全桥测量时，不同受力状态的电阻应变片接入电桥应放在对边还是邻边？

2) 你能设计实验测出差动放大器的放大倍数吗？试试看吧！

1.2.2　金属电阻应变式传感器综合实验

1. 实验目的

深入理解电阻应变片的工作原理与应用，利用应变片开展研究型实验。

2. 需用器件与单元

浙江高联传感实验系统主机箱中的±2～±10 V (步进可调) 直流稳压电源、±15 V 直流稳压电源、电压表；应变式传感器实验模板、托盘、砝码；数字多用表，杨氏模量测量实验用的反光镜、读数望远镜、铁架台、直尺、卷尺、测温热电偶或红外测温仪等。

3. 实验内容

1) 借鉴大学物理实验中杨氏模量测量实验，根据实验室提供的器件搭建杨氏模量测量装置，调节测量双孔悬臂梁在不同重力 (不同个数的砝码) 作用下的形变和应变，并读出相应的电阻值 (提示：可测出不同压力作用下，双孔悬臂梁自由端下降的距离，从而根据悬臂梁尺寸计算出应变)。

2) 根据应变和电阻变化计算金属电阻的应变灵敏度。可先认为应变片的应变与悬臂梁的平均应变相同，然后查阅双孔悬臂梁的相关数据后再修正。

3) 给应变片所附的加热丝施加不同的电压 (所加直流电压不高于 5 V)，观测全桥输出的变化，在输出几乎稳定后，测量相应的电阻值，并测量相应应变片的温度。

4) 查阅纯铜、康铜、镍铬合金等材料的热敏电阻特性，根据应变片加热时其电阻值随温度的变化，判断实验用的应变片敏感栅由何种材料制成。

5) 分析加热功率和应变片温度稳定后的温度之间的关系。

1.3　动态应变测量电路及实验

金属电阻应变片可用于实验应力分析、静力强度和动力强度的研究，做成应变仪以测量材料和结构的静态、动态拉伸及压缩应变，也可测量材料和结构上任意点的应变。在机械工业中，它可用于测量透平叶片、锅炉结构或内燃机气缸的应力等。1.1 节和 1.2 节讨论的都是静态应力或应变，如果要测量应力和应变的动态变化过程，通常需要增加其他检测电路。静态电阻应变仪用电学方法测量不随时间变化或变化极为缓慢的静态应变。它由测量电桥、放大器、显示仪表和读数机构等组成。将贴在被测构件上的电阻应变片接成电桥，当构件受载变形时，测量电桥有电压输出，经放大器放大后由显示仪表指示出相应的应变值。静态电阻应变仪每次只能测出一个点的应变。

动态电阻应变仪应用于测量随时间变化的动态应变时，其工作频率一般在 5 kHz 以下。它由测量电桥、放大器、移相器、检波器和滤波器等组成。动态应变是随时间而变化的，须将应变的动态过程记录卜来，因此动态应变仪通常与记录器配套使用，记录结果可直接反映被测应变信号的大小和变化。动态应变仪各部分的作用如下。

电桥：将应变片电阻的变化转换成电流或电压信号。

振荡器：将供给正弦波的交流电压作为电桥的工作电压，并通过信号电压对它进行调幅，输出调幅电压信号送入放大器，同时它也为相敏检波器提供参考电压。

放大器：由于电桥输出的信号非常微弱，必须经过放大器将电桥送来的调幅电压进行不失真放大。

相敏检波器：它既具有检波器的作用，又能完成辨别被测信号相位(如应变信号的拉伸或压缩性质)的任务，实现解调。

低通滤波器：由于通过相敏检波后，波形中还包含着载波及其高次谐波，因此需要通过低通滤波器滤掉被测应变信号以外的高频成分，得到信号的原形。

1.3.1　移相器、相敏检波器的工作原理及实验

1. 移相器的工作原理

移相器(phaser)是能够对波的相位进行调整的一种装置。任何传输介质对在其中传导的波动都会引入相移，这是早期模拟移相器的原理。现代电子技术发展后利用 A/D、D/A 转换实现了数字移相，顾名思义，它是一种不连续的移相技术，但其特点是移相精度高。

在 R-C 串联电路中，若输入电压是正弦波，则电路中各处的电压、电流都是正弦波。输出电流相位超前输入电压相位一个 φ 角，如果输入电压大小不变，则当改变电源频率 f 或电路参数 R 或 C 时，φ 角都将改变。同理可以分析出以电容电压作为输出电压时，输出电压相位滞后输入电压相位一个 φ 角。因此，无论以

R 端还是 C 端作输出端，其输出电压较输入电压都具有移相作用，这种作用效果称为阻容移相。本实验中只讨论阻容移相。

移相器在雷达、导弹姿态控制、加速器、通信、仪器仪表甚至音乐等领域都有着广泛的应用。

图 1-10 为阻容移相器电路原理图与实验模板上的面板图。图中，IC_1、R_1、R_2、R_3、C_1 构成一阶移相器(超前)。

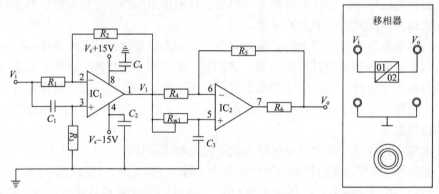

图 1-10　阻容移相器电路原理图与实验模板上的面板图

在 $R_2=R_1$ 的条件下，其幅频特性和相频特性可分别表示为

$$K_{F1}(j\omega) = V_i / V_1 = -(1 - j\omega R_3 C_1) / (1 + j\omega R_3 C_1)$$

$$K_{F1}(\omega) = 1$$

$$\Phi_{F1}(\omega) = -\pi - 2\arctan(\omega R_3 C_1)$$

式中，$\omega = 2\pi f$；f 为输入信号频率。同理由 IC_2，R_4，R_5，R_{w1}，C_3 构成另一个一阶移相器(滞后)，其在 $R_5=R_4$ 条件下的幅频特性和相频特性可分别表示为

$$K_{F2}(j\omega) = V_o / V_1 = -(1 - j\omega R_{w1} C_3) / (1 + j\omega R_{w1} C_3)$$

$$K_{F2}(\omega) = 1$$

$$\Phi_{F2}(\omega) = -\pi - 2\arctan(\omega R_{w1} C_3)$$

由此可见，根据幅频特性公式，移相前后的信号幅值相等。根据相频特性公式，移相角度的大小和信号频率 f 及电路中阻容元件的数值有关。显然，当移相电位器 $R_{w1}=0$ 时，上式中 $\Phi_{F2}=0$，因此 Φ_{F1} 决定了如图 1-10 所示的二阶移相器的初始移相角，即

$$\Phi_{F0} = \Phi_{F1} = -\pi - 2\arctan 2\pi f R_3 C_1$$

若调整移相电位器 R_{w1}，则相应的移相范围为

$$\Delta\Phi_F = \Phi_{F1} - \Phi_{F2} = -2\arctan 2\pi f R_3 C_1 + 2\arctan 2\pi f \Delta R_w C_3$$

已知 R_3=10 kΩ，C_1=6800 pF，ΔR_w=10 kΩ，C_3=0.022 μF，如果输入信号频率 f 确定，即可计算出如图 1-10 所示二阶移相器的初始移相角和移相范围。

2. 相敏检波器的工作原理

相敏检波器(phase sensitive detection，PSD)，顾名思义，就是对两个信号之间的相位进行检波。在实际应用中，这两个信号往往是同频的，或者是互为倍数的。

相敏检波电路是具有鉴别调制信号相位和选频能力的检波电路。相敏检波电路能够鉴别调制信号相位，从而判别被测量变化的方向；同时相敏检波电路还具有选频的能力，从而提高测控系统的抗干扰能力。从电路结构上看，相敏检波电路的主要特点是，除了所需解调的调幅信号，还要输入一个参考信号。有了参考信号就可以用它来鉴别输入信号的相位和频率。

在输入信号与参考信号同频但有一定相位差时，输出信号的大小与相位差有确定的函数关系，因此可以根据输出信号的大小确定相位差的值，相敏检波电路的这一特性称为鉴相特性。如果输入信号 U_s 与参考信号 U_c 同频，但有一定相位差，这时输出电压 U_o=$U_{sm}/2\cos\varphi$，U_{sm} 为交流输入信号 U_s 的幅值。由此可见，相敏检波电路的输出信号随相位差 φ 的余弦而变化。

相敏检波电路的选频特性是指它对不同频率的输入信号有不同的传递特性。以参考信号为基波，所有偶次谐波在载波信号的一个周期内的平均输出为 0，即它有抑制偶次谐波的功能。对于 n=1，3，5 等各奇次谐波，输出信号的幅值相应衰减为基波的 $1/n$，即信号的传递系数随谐波次数增高而衰减，这对高次谐波有一定的抑制作用。

图 1-11 为相敏检波器(开关式)原理图与实验模板上的面板图。图中，AC 为交流参考电压输入端，DC 为直流参考电压输入端，V_i 端为检波信号输入端，V_o 端为检波信号输出端。

原理图中各元器件的作用：C_{5-1} 是交流耦合电容，隔离直流；IC_{5-1} 是反相过零比较器，将参考电压正弦波转换成矩形波(开关波+14 V～−14 V)；D_{5-1} 是箝位二极管，削去方波的正半部分，使 $V_7 \leqslant 0$ V(0～−14 V)；Q_{5-1} 是 P 沟道结型场效应管，工作在开、关状态；IC_{5-2} 工作在倒相器、跟随器状态；R_{5-6} 是限流电阻，起保护集成块的作用。

需要理解的关键点：Q_{5-1} 相当于由参考电压 V_7 矩形波控制的开关电路。当 V_7=0 V 时，Q_{5-1} 导通，使 IC_{5-2} 同相输入 5 端接地成为倒相器，即 V_3=−V_1；当 $V_7 < 0$ V 时，Q_{5-1} 截止(相当于断开)，IC_{5-2} 成为跟随器，即 V_3=V_1。相敏检波器具有鉴相特性，

输出波形 V_3 的变化由检波信号 V_1 与参考电压波形 V_2 之间的相位决定。图 1-12 为相敏检波器的工作时序图。

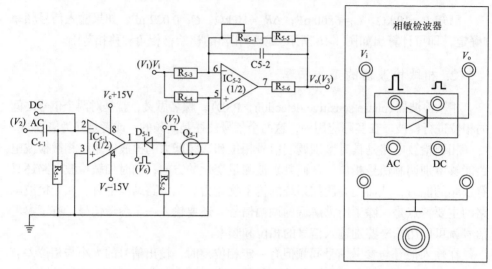

图 1-11　相敏检波器(开关式)原理图与实验模板上的面板图

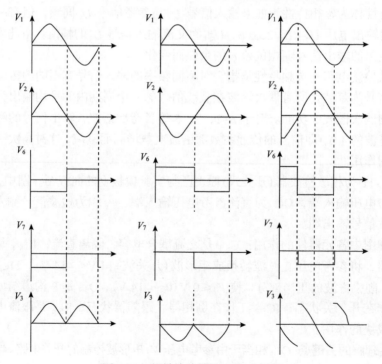

图 1-12　相敏检波器的工作时序图

3. 移相器、相敏检波器的操作实验

(1) 实验目的

理解移相器、相敏检波器的工作原理。

(2) 实验器材

浙江高联传感实验系统主机箱中的±2～±10 V(步进可调)直流稳压电源、±15 V直流稳压电源、音频振荡器；移相器/相敏检波器/低通滤波器实验模板；双踪示波器(自备)。

(3) 实验内容

A. 移相器实验

1) 调节音频振荡器的幅度为最小(幅度旋钮逆时针轻轻转到底)；将音频振荡器的输出接入移相器的输入端，同时接入双踪示波器的 CH1；将移相器的输出端接入双踪示波器的 CH2；将模块接上电源线，检查接线无误后，合上主机箱电源开关，调节音频振荡器的频率(用示波器测量)为 $f=1$ kHz，幅度适中(2 V $\leqslant$ $V_{p\text{-}p} \leqslant 8$ V)。

2) 正确选择双踪示波器的"触发"方式及其他设置(提示：触发源选择内触发 CH1，水平扫描速度 TIME/DIV 在 0.01～0.1 ms 内选择，触发方式选择 AUTO。垂直显示方式为双踪显示 DUAL，垂直输入耦合方式选择交流耦合 AC，灵敏度 VOLTS/DIV 在 1～5 V 内选择)，调节移相器模板上的移相电位器(旋钮)，用示波器观测波形的移相角变化。

3) 调节移相器的移相电位器(0～10 kΩ)，用示波器测定移相器的初始移相角($\Phi_{F0} = \Phi_{F1}$)和移相范围 $\Delta \Phi_F$。

4) 改变输入信号频率 f 为 2 kHz、3 kHz、4 kHz、5 kHz、6 kHz、7 kHz、8 kHz、9 kHz，并测试相应的 Φ_{F0} 和 $\Delta \Phi_F$。测试完毕后关闭主电源。

5) 分析实测的 Φ_{F0} 和 $\Delta \Phi_F$ 与理论计算值之间的差别。

B. 相敏检波器实验

1) 调节音频振荡器的幅度为最小(幅度旋钮逆时针轻轻转到底)，将±2～±10 V 可调电源调节到±2 V 挡。将音频振荡器输出接入相敏检波器的输入端，同时输入双踪示波器的 CH1；选择直流稳压的+2 V 信号输入相敏检波器的 DC 参考信号端；相敏检波器的输出信号输入双踪示波器的 CH2。将模板接上电源线，检查接线无误后合上主机箱电源开关，调节音频振荡器频率 $f = 5$ kHz，峰-峰值 $V_{p\text{-}p} = 5$ V(用示波器测量)；结合相敏检波器的工作原理，分析观察相敏检波器的输入、输出波形关系(跟随关系，波形相同)。[提示：示波器设置除垂直输入耦合方式选择直流耦合 DC 与"A.移相器实验" 2)中不同外，其他设置都相同；但当 CH1、CH2 输入对地短接时，将二者光迹线移动到显示屏中间(居中)后再进行波形测量]。

2)将相敏检波器的 DC 参考电压改接到−2 V(−V_{out})，调节相敏检波器的电位器钮使示波器显示的两个波形幅值相等(相敏检波器电路已调整完毕，之后不要再触碰这个电位器钮)，观察相敏检波器的输入、输出波形关系(倒相作用，反相波形)。关闭电源。

3)将音频振荡器输出接入移相器的输入端，同时输入相敏检波器的 AC 参考信号端；移相器的输出接入相敏检波器的输入端，同时输入双踪示波器的 CH1；相敏检波器的输出信号输入双踪示波器的 CH2。将模板接上电源线，检查无误后，合上主机箱电源，调节移相电位器钮(相敏检波器电路上一步已调好不要再动)，结合相敏检波器的工作原理，分析观察并描绘相敏检波器的输入、输出波形关系。注意，一般要求相敏检波器工作状态 V_i、检波信号与参考电压 AC 相位处于同相或反相。

4)将相敏检波器的 AC 参考输入改接到音频振荡器"180°"输出端，调节移相电位器，观察并描绘出相敏检波器的输入、输出波形关系。关闭电源。

1.3.2　动态应变测量的原理及实验

1. 动态应变测量的原理

图 1-13 是应变片测振动的实验原理方块图。当振动源上的振动台受到 $F(t)$ 作用而振动，使粘贴在振动梁上的应变片产生应变信号 dR/R，应变信号 dR/R 由振荡器提供的载波信号经交流电桥调制成微弱调幅波，再经差动放大器放大为 $u_1(t)$，$u_1(t)$ 经相敏检波器检波解调为 $u_2(t)$，$u_2(t)$ 经低通滤波器滤除高频载波成

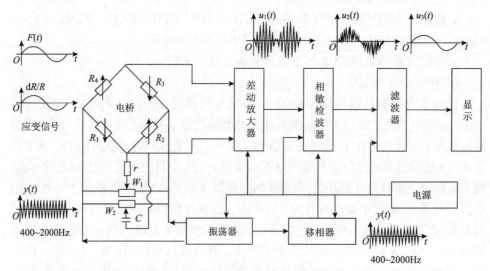

图 1-13　应变片测振动的实验原理方块图

分后输出应变片检测到的振动信号 $u_3(t)$（调幅波的包络线），$u_3(t)$ 可用示波器显示。图 1-13 中，交流电桥就是一个调制电路，$W_1(R_{w1})$、$r(R_8)$、$W_2(R_{w2})$、C 是交流电桥的平衡调节网络，移相器为相敏检波器提供同步检波的参考电压。这也是实际应用中的动态应变仪原理。

2. 动态应变测量实验

(1) 实验目的

掌握利用应变交流电桥测量振动的原理与方法。

(2) 需用器件与单元

浙江高联传感实验系统主机箱中的±2～±10 V（步进可调）直流稳压电源、±15 V 直流稳压电源、音频振荡器、低频振荡器；应变式传感器实验模板、移相器/相敏检波器/低通滤波器模板、振动源、双踪示波器（自备）、万用表（自备）。

(3) 实验内容及步骤

1) 相敏检波器电路调试：正确选择双线（双踪）示波器的"触发"方式及其他设置（提示：触发源选择内触发 CH1，水平扫描速度 TIME/DIV 在 0.1 ms～10 μs 内选择，触发方式选择 AUTO；垂直显示方式为双踪显示 DUAL，垂直输入耦合方式选择直流耦合 DC，灵敏度 VOLTS/DIV 在 1～5 V 内选择），并将光迹线居中（当 CH1、CH2 输入对地短接时）。调节音频振荡器的幅度为最小（幅度旋钮逆时针轻轻转到底），将±2～±10 V 可调电源调节到±2 V 挡。将音频振荡器输出接入相敏检波器的输入端，同时输入双踪示波器的 CH1；选择直流稳压的+2 V 信号输入相敏检波器的 DC 参考信号端；相敏检波器的输出信号输入双踪示波器的 CH2。将模板接上电源线，检查接线无误后合上主机箱电源开关，调节音频振荡器频率 $f = 5$ kHz，峰-峰值 $V_{\text{p-p}}$ 5 V（用示波器测量）；结合相敏检波器的工作原理，分析观察相敏检波器的输入、输出波形关系（跟随关系，波形相同）。

将相敏检波器的 DC 参考电压改接到−2 V（$-V_{\text{out}}$），调节音频振荡器频率 $f = 1$ kHz，峰-峰值 $V_{\text{p-p}}$=5 V（用示波器测量）；调节相敏检波器的电位器钮使示波器显示两个波形幅值相等、相位相反的波形（相敏检波器电路已调整完毕，之后不要再触碰这个电位器钮）。相敏检波器电路调试完毕，关闭电源。

2) 将主机箱上的音频振荡器、低频振荡器的幅度逆时针慢慢转到底（此时无输出）。将应变输出与应变传感器实验模板的振动梁应变插座连接；主机箱的低频振荡输出与振动源低频输入连接；音频振荡器输出的交流电压作为应变传感器全桥的驱动电压，同时也输入移相器的输入端；电桥输入接入差动放大器的输入端；差动放大器的一级放大输出 V_{o1} 输入相敏检波器的输入端，同时输入双踪示波器的 CH1；移相器的输出作为相敏检波器的 AC 参考输入；相敏检波器的输出接入低通滤波器的输入端,低通滤波器的输出接入双踪示波器的 CH2。接好交流电桥调平衡电路及系统,应变传感器实验模板中的 R_8、R_{w1}、C、R_{w2} 为交流电桥调平衡网络,将振动源上的应变输出插座用专用连接线与应变传感器实验模板上的应变插座相连,因振动梁上的四片应变片已组成全桥,引出线为四芯线,直接接入实验模板上已与电桥模型相连的应变插座上。电桥模型二组对角线阻值均为 350 Ω,可用万用表测量检查(注意传感器专用插头(黑色航空插头)的插、拔法:当插头要插入插座时,只要将插头上的凸锁对准插座的平缺口并稍用力自然往下插;当插头要拔出插座时,必须用大拇指用力往内按住插头上的凸锁同时往上拔)。

3)调整好有关部分,调整如下:①检查接线无误后,合上主机箱电源开关,用示波器监测音频振荡器 L_v 的频率和幅值,调节音频振荡器的频率、幅度,使 L_v 输出 1 kHz 左右,幅度调节到 $10V_{p-p}$(交流电桥的激励电压);②用示波器监测相敏检波器的输出(将图 1-13 中低通滤波器输出中接的示波器改接到相敏检波器输出),用手按下振动平台的同时(振动梁受力变形、应变片也受到应力作用),仔细调节移相器旋钮,使示波器显示的波形为一个全波整流波形;③松手,仔细调节应变传感器实验模板的 R_{w1} 和 R_{w2}(交替调节),使示波器(相敏检波器输出)显示的波形幅值更小,趋向于无波形,接近零线。

4)调节低频振荡器幅度旋钮和频率(8 Hz 左右)旋钮,使振动平台振动较为明显。拆除示波器的 CH1 通道,用示波器 CH2(示波器设置:触发源选择内触发 CH2,水平扫描速度 TIME/DIV 在 20～50 ms 内选择,触发方式选择 AUTO;垂直显示方式为显示 CH2,垂直输入耦合方式选择交流耦合 AC,垂直显示灵敏度 VOLTS/DIV 在 0.05～0.2 V 内选择)分别显示并观察相敏检波器的输入 V_i、输出 V_o 及低通滤波器的输出 V_o 波形。

5)低频振荡器幅度(幅值)不变,调节低频振荡器频率(3～25 Hz),每增加 2 Hz 用示波器读出低通滤波器输出 V_o 的电压峰-峰值,记入自行设计的数据表格。做出相应的实验曲线,从实验数据曲线求出振动梁的谐振频率。实验完毕,关闭电源。

第 2 章　电感式传感器实验

电感式传感器 (inductance type transducer) 是利用电磁感应把被测的物理量如位移，压力、振动等转换成线圈的自感系数和互感系数的变化，再由电路转换为电压或电流的变化量输出，实现非电量到电量的转换。

按照转换方式的不同，可分为自感式(包括可变磁阻式与涡流式)和互感式(差动变压器式)两种。本章主要介绍电涡流和差动变压器两种传感器及其实验。

2.1　电涡流传感器原理及实验

2.1.1　电涡流传感器的工作原理和特性

1. 电涡流传感器的工作原理

当成块的金属导体置于变化着的磁场中时，金属导体内就要产生感应电流，这种电流的流线在金属导体内自动闭合，通常称为**电涡流**。电涡流传感器(线圈–金属导体系统)就是一种基于电涡流效应原理的传感器。电涡流的大小与金属导体的电阻率 ρ、磁导率 μ、厚度 t、线圈与金属之间的距离 x、线圈的激磁电流角频率 ω 等参数有关。若保持其中若干参数恒定，就能按电涡流大小对线圈作用的差异来测量另一参数。

电涡流传感器由传感器线圈和被测物体(导电体–金属涡流片)组成，如图 2-1 所示。根据电磁感应原理，当传感器线圈(一个扁平线圈)通以交变电流(频率较高，一般为 1～2 MHz) I_1 时，线圈周围的空间会产生交变磁场 H_1；当线圈平面靠近某一导体面时，由于线圈磁通链穿过导体，使导体的表面层感应出呈旋涡状自行闭合的电流 I_2，而 I_2 所形成的磁通链又穿过传感器线圈，这样线圈与涡流"线圈"形成了有一定耦合的互感，最终原线圈反馈一个等效电感，从而导致传感器线圈的阻抗 Z 发生变化。我们可以把被测导体上形成的电涡流等效成一个短路环，这样就可得到如图 2-2 所示的等效电路。图中 R_1、L_1 为传感器线圈的电阻和电感。短路环可以认为是一匝短路线圈，其电阻为 R_2，电感为 L_2。线圈与导体间存在一个互感 M，它随线圈与导体间距的减小而增大。

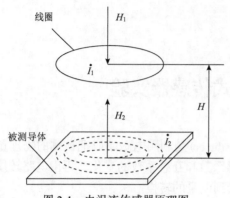

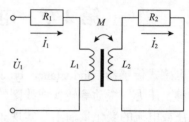

图 2-1　电涡流传感器原理图　　　　图 2-2　电涡流传感器的等效电路图

根据基尔霍夫定律,可以列出电路方程组为

$$\begin{cases} R_1 \dot{I}_1 + j\omega L_1 \dot{I}_1 - j\omega M \dot{I}_2 = \dot{E} \\ -j\omega M \dot{I}_1 + R_2 \dot{I}_2 + j\omega L_2 \dot{I}_2 = 0 \end{cases} \tag{2-1}$$

两式联立解得

$$\begin{cases} \dot{I}_1 = \dfrac{\dot{E}}{R_1 + \dfrac{\omega^2 M^2 R_2}{R_2^2 + (\omega L_2)^2} + j\omega \left[L_1 - \dfrac{\omega^2 M^2 L_2}{R_2^2 + (\omega L_2)^2} \right]} = \dfrac{\dot{E}}{Z} \\ \dot{I}_2 = j\omega \dfrac{M \dot{I}_1}{R_2 + j\omega L_2} = \dfrac{M\omega^2 L_2 \dot{I}_1 + j\omega M R_2 \dot{I}_1}{R_2^2 + (\omega L_2)^2} \end{cases} \tag{2-2}$$

由此可得传感器线圈由于受金属导体中电涡流效应影响的**复阻抗**为

$$Z = R_1 + \frac{\omega^2 M_2 R_2}{R_2^2 + (\omega L_2)^2} + j\omega \left(L_1 - \frac{\omega^2 M^2 L_2}{R_2^2 + (\omega L_2)^2} \right) = R_S + j\omega L_S \tag{2-3}$$

从而可得出线圈的**等效电阻**和**等效电感**分别为

$$\begin{cases} R_S = R_1 + \dfrac{\omega^2 M^2}{R_2^2 + (\omega L_2)^2} R_2 = R_1 + R_2' \\ L_S = L_1 - \dfrac{\omega^2 M^2}{R_2^2 + (\omega L_2)^2} L_2 = L_1 - L_2' \end{cases} \tag{2-4}$$

式中，R_S 为考虑电涡流效应后，传感器线圈的等效电阻；L_S 为考虑电涡流效应后，传感器线圈的等效电感；R_2' 为电涡流环路电阻 R_2 反射到线圈内的等效电阻；L_2' 为电涡流环路电感 L_2 反射到线圈内的等效电感。

讨论：

1) 线圈等效电阻 $R_S = R + R_2'$。无论金属导体为何种材料，只要有电涡流产生就有 R_2'，同时随着导体与线圈之间距离的减小(M 增大)，R_2' 会增大，因此 $R_S > R_1$。

2) 线圈的等效电感 $L_S = L_1 - L_2'$。第一项上 L_1 与静磁学效应有关，由于线圈与金属导体构成一个磁路，线圈自身的电感 L_1 要受该磁路有效磁导率的影响，若金属导体为磁性材料，磁路的有效磁导率随距离的减小而增大，L_1 也就增大；若金属导体为非磁性材料，磁路的有效磁导率不会随距离而变，因此 L_1 不变。第二项 L_2' 与电涡流效应有关，电涡流产生一个与原磁场方向相反的磁场并由此减小线圈电感，线圈与导体间距离越小(M 越大)，L_2' 越大，电感量的减小程度越大，故从总的结果来看，$L_S < L_1$。

3) 线圈原有的品质因数 $Q_0 = \omega L_1 / R_1$，当产生电涡流效应后，线圈的品质因数 $Q = \omega L_S / R_S$，显然，$Q < Q_0$。

线圈的等效 Q 值为

$$Q = Q_0 \{[1 - (L_2 \omega^2 M^2)/(L_1 Z_2^2)]/[1 + (R_2 \omega^2 M^2)/(R_1 Z_2^2)]\} \tag{2-5}$$

式中，Q_0 为无涡流影响下线圈的 Q 值，$Q_0 = \omega L_1 / R_1$；Z_2^2 为金属导体中产生电涡流部分的阻抗，$Z_2^2 = R_2^2 + \omega^2 L_2^2$。

由式(2-3)、式(2-4)和式(2-5)可以看出，线圈与金属导体组成的系统的阻抗 Z、电感 L 和品质因数 Q 值都是该系统互感系数平方的函数。

从麦克斯韦互感系数的基本公式出发，可得互感系数是线圈与金属导体间距离 $x(H)$ 的非线性函数。因此 Z、L、Q 均是 x 的非线性函数。虽然它的整个函数是非线性的，其函数特征为"S"形曲线，但可以选取它近似为线性的一段。其实 Z、L、Q 的变化与导体的电导率、磁导率、几何形状、线圈的几何参数、激励电流频率及线圈到被测导体间的距离有关。如果控制上述参数中的一个参数改变，而其余参数不变，则阻抗就成为这个变化参数的单值函数，当电涡流线圈、金属涡流片及激励源确定后，并保持环境温度不变，则其只与距离 x 有关。于是，通过传感器的调理电路(前置器)处理，将线圈阻抗 Z、L、Q 的变化转化成电压或电流的变化输出。输出信号的大小随探头到被测体表面之间的间距而变化，电涡流传感器就是根据这一原理实现对金属物体的位移、振动等参数的测量。

2. 电涡流传感器的电路原理

为实现电涡流位移测量，必须有一个专用的测量电路。这一测量电路(称为前置器或电涡流变换器)应包括具有一定频率的稳定的振荡器和一个检测电路等。电涡流传感器位移测量实验原理框图如图 2-3 所示。

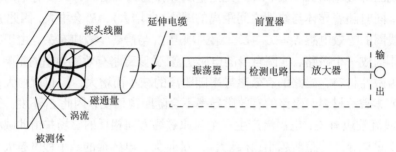

图 2-3　电涡流传感器位移测量实验原理框图

根据电涡流传感器的基本原理，将传感器与被测体间的距离变换为传感器的 Q 值、等效阻抗 Z 和等效电感 L 三个参数，用相应的测量电路(前置器)来测量。当用电涡流传感器作测量时，为了提高灵敏度，用已知电容 C 与传感器线圈并联(一般在传感器内)，组成 LC 并联谐振回路。传感器线圈等效电感的变化使并联谐振回路的谐振频率发生变化，并将其被测量变换为电压或电流信号输出。并联谐振回路的谐振频率为

$$f = \frac{1}{2\pi\sqrt{LC}} \tag{2-6}$$

目前，电涡流传感器所配用的谐振式测量电路主要有调幅式和调频式两类。本实验主要介绍调幅式测量电路。

调幅式测量电路原理如图 2-4(a) 所示，图中电感线圈 L 和电容 C 是构成传感器的基本电路元件。稳频稳幅正弦波振荡器的输出信号由电阻 R 加到传感器上。先使传感器远离被测物，则 $L=L_{\infty}$(即 x 趋于 ∞ 时的电感值)，调节振荡器的频率到 $f_0 = 1/\left(2\pi\sqrt{L_{\infty}C}\right)$，得出最大输出电压 u_{∞}，然后保持振荡器的频率 f_0 和幅值不变，当被测物与传感器线圈接近时，由于电涡流效应，使线圈的电感量 L 发生变化，回路失谐，造成输出电压 u 降低，由 u 的下降程度可判断距离 x 的大小。按照图示原理线路，将 $L\text{-}x$ 的关系转换成 $u\text{-}x$ 的关系，可得如图 2-4(b) 所示输出特性曲线。位移型电涡流传感器的线性范围大约为 1/5 线圈外径，而且线性程度较差，非线性误差约为 3%。

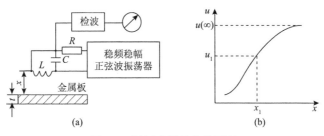

图 2-4　调幅式测量电路原理

(a)电路原理；(b)输出特性曲线

如果保持正弦波振荡器的幅值不变，改变振荡器的频率，使传感器线圈处于不同状态时电路都产生谐振，则可得如图 2-5 所示的传感器回路的并联谐振曲线，即 $u\text{-}f$ 曲线。

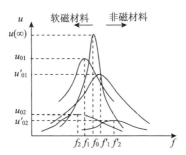

图 2-5　传感器回路的并联谐振曲线

当传感器线圈处于空气中且不与任何导体靠近(即 $x \to \infty$，$L=L_\infty$)时，谐振频率为 f_0。谐振曲线峰值最高；当线圈与铁磁性导体材料靠近(距离 x 减小)时，线圈的等效电感增大，谐振频率减小为 f_1、f_2 等，谐振曲线左移，峰值降低，底部变宽；当线圈与非铁磁性材料靠近时，线圈的等效电感减小，谐振频率增大为 f_1'、f_2' 等，谐振曲线右移，峰值降低，底部变宽。

3. 变频调幅式测量电路

变频调幅式测量电路图如图 2-6 所示。电路由三部分组成。

1) Q_1、C_1、C_2、C_3 组成电容三点式振荡器，产生频率为 1 MHz 左右的正弦载波信号。电涡流传感器接在振荡回路中，传感器线圈是振荡回路的一个电感元件。振荡器的作用是将位移变化引起的振荡回路的 Q 值变化转换成高频载波信号的幅值变化。

2) D_1、C_5、L_2、C_6 组成了由二极管和 LC 形成的 π 形滤波的检波器。检波器的作用是将高频调幅信号中传感器检测到的低频信号取出来。

3) Q_2 组成射极跟随器。射极跟随器的作用是使输入、输出匹配，以获得尽可能大的不失真输出的幅度值。

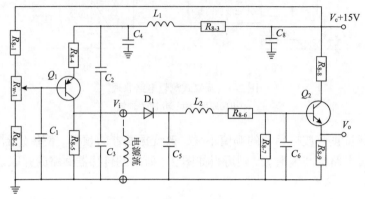

图 2-6　变频调幅式测量电路图

电涡流传感器是通过传感器端部线圈与被测物体(导电体)间的间隙变化来测物体的振动相对位移量和静位移的，它与被测物之间没有直接的机械接触，具有很宽的使用频率范围(0～10 Hz)。当无被测导体时，振荡器回路谐振于频率 f_0，传感器端部线圈 Q_0 为定值且最高，对应的检波输出电压 V_o 最大。当被测导体接近传感器线圈时，线圈 Q 值发生变化，振荡器的谐振频率发生变化，谐振曲线变得平坦，检波输出的幅值 V_o 变小。V_o 的变化反映了位移 x 的变化。电涡流传感器在位移、振动、转速、探伤、厚度测量上得到应用。

2.1.2　电涡流传感器基础实验

1. 实验目的

理解电涡流传感器的工作原理及其应用。

2. 需用器件与单元

主机箱中的±15 V 直流稳压电源、电压表；电涡流传感器实验模板、电涡流传感器、测微头、被测体(铁圆片、铜圆片、铝圆片各 2 片)、示波器。

以下附测微头介绍。

测微头的结构和组成：测微头由不可动部分安装套、轴套和可动部分测杆、微分筒、微调钮组成，结构图见图 2-7(a)。

测微头的读数与使用：测微头的安装套便于在支架座上固定安装，轴套上的主尺有两排刻度线，标有数字的是整毫米刻线(1 mm/格)，另一排是半毫米刻线

(0.5 mm/格)；微分筒前部圆周表面上刻有 50 等分的刻线(0.01 mm/格)。

当用手旋转微分筒或微调钮时，测杆就沿轴线方向进退。微分筒每转过 1 格，测杆沿轴方向移动微小位移 0.01 mm，这也叫测微头的分度值。

测微头的读数方法是先读轴套主尺上露出的刻度数值，注意半毫米刻线；再读与主尺横线对准的微分筒上的数值，可以估读 1/10 分度，图 2-7(b)甲读数为 3.678 mm，而不是 3.178 mm；当遇到微分筒边缘前端与主尺上某条刻线重合时，应看微分筒的示值是否过零，图 2-7(b)乙已过零则读 2.514 mm；图 2-7(b)丙图未过零，则不应读为 2 mm，读数应为 1.980 mm。

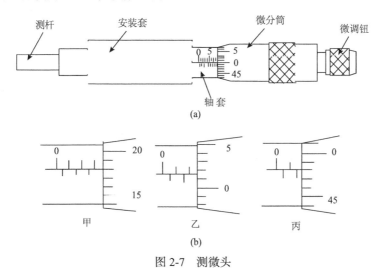

图 2-7　测微头
(a)测微头的结构和组成；(b)测微头读数示例

测微头的使用：测微头在实验中是用来产生位移并指示出位移量的工具。一般测微头在使用前，首先转动微分筒到 10 mm 处(为了保留测杆轴向前、后位移的余量)，再将测微头轴套上的主尺横线面向自己并安装到专用支架座上，移动测微头的安装套(测微头整体移动)使测杆与被测体连接并使被测体处于合适位置(视具体实验而定)，再拧紧支架座上的紧固螺钉。当转动测微头的微分筒时，被测体就会随测杆移动而产生位移。

3. 实验内容和步骤

1)观察电涡流传感器结构，其实就是一个平绕线圈。调节测微头的微分筒，使微分筒的 0 刻度值与轴套上的 5 mm 刻度值对准。线圈和测微头等结构示意图如图 2-8 所示。

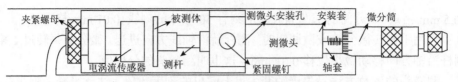

图 2-8　线圈和测微头等结构示意图

安装测微头、被测体(铁圆片)、电涡流传感器(注意安装顺序：首先将测微头的安装套插入安装架的安装孔内，再将被测体(铁圆片)套在测微头的测杆上；然后在支架上安装好电涡流传感器；最后平移测微头安装套使被测体与传感器端面相贴并拧紧测微头安装孔的紧固螺钉)，将传感器的引线接入实验模块的可变电感器位置上(即插孔 1 和插孔 2 处)。接好模块电源线，并将模块的射极输出接入电压表。

2)将电压表量程切换开关切换到 20 V 挡，检查接线无误后开启主机箱电源，记下电压表读数，然后逆时针调节测微头微分筒，每隔 0.2 mm 记录电压表读数 V_o，并用示波器测出传感器两端振荡波形的振荡频率，直到输出 V_o 变化很小为止。自行设计表格记录数据。

3)涡流效应与金属导体本身的电阻率和磁导率有关，因此不同的导体材料就有不同的性能。将被测体(铁圆片)换成铜圆片和面积不同的铝圆片，重复步骤 2)。实验完毕，关闭电源。

4)根据过程 2)、3)所测数据，画出 V_o - X 实验曲线，根据曲线找出线性区域比较好的范围计算灵敏度和线性度(可用最小二乘法或其他拟合直线)。

5)将实验过程 2)、3)略加改动，尝试测量 f - X 实验曲线，是否也能找出线性区域比较好的范围呢？可尝试计算灵敏度和线性度。

6)分析不同材质和同种材质不同面积对测量结果的影响。

2.1.3　电涡流传感器综合实验

1. 实验目的

掌握电涡流传感器动态测量的应用。

2. 需用器件与单元

主机箱中的±15 V 直流稳压电源、电压表、低频振荡器；电涡流传感器实验模板、移相器/相敏检波器/滤波器模板；振动源、升降杆、传感器连接桥架、电涡流传感器、被测体(铁圆片)、示波器(自备)。

3. 实验内容和步骤

1) 将被测体(铁圆片)放在振动源的振动台中心点上,按图 2-9 安装电涡流传感器(传感器对准被测体)。

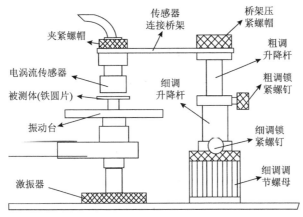

图 2-9 电涡流传感器测振动的安装示意图

2) 将主机箱的低频振荡信号接入振动源的低频输入端;涡流传感器接入实验模板的可变电感示意的位置;实验模板的射极输出接入低通滤波器的输入端;低通滤波器的输出信号同时接入直流电压表和示波器。两个实验模板都正常接上电源线。

3) 将主机箱上的低频振荡器幅度旋钮逆时针转到底(低频输出幅度为 0);电压表的量程切换开关切到 20 V 挡。仔细检查接线无误后开启主机箱电源。调节升降杆高度,使电压表显示为 2 V 左右即为电涡流传感器的最佳工作点安装高度[传感器与被测体(铁圆片)静态时的最佳距离]。

4) 调节低频振荡器的频率为 8 Hz 左右,再顺时针慢慢调节低频振荡器幅度旋钮,使振动台小幅度起振(振动幅度不要过大,电涡流传感器非接触式测微小位移)。用示波器[正确选择示波器的"触发"方式及其他(TIME/DIV:在 20~50 ms 内选择;VOLTS/DIV:0.05~0.5 V 内选择)设置]监测涡流变换器的输出波形;再分别改变低频振荡器的振荡频率、幅度,分别观察、体会涡流变换器输出波形的变化,并记录低频振荡信号的频率和幅度,同时记录电压表的读数和示波器监测的低通滤波器输出的信号频率。至少要记录 5 个不同频率和 5 个不同幅度。实验完毕,关闭电源。

5) 找出低通滤波器输出的信号频率和幅度与低频振荡驱动信号的频率和幅度之间的关系。

2.2 差动变压器原理及应用实验

差动变压器由线圈和铁芯组成，通常有两个绕组绕在同一骨架上，两个绕组匝数相等、方向相反。铁芯可移动，当铁芯全部贯穿两个绕组时，两绕组的感应电动势大小相等、方向相反，输出为 0。当铁芯移动时，部分绕组变为空闲线圈，感应电动势减小，输出电压发生变化。以此反映铁芯与线圈的相对位置，可用于测量位移、压力、振动等非电量参量。它既可用于静态测量，也可用于动态测量。

2.2.1 结构和工作原理

1. 基本结构和原理概述

差动变压器式传感器的结构主要为螺管型，如图 2-10 所示。线圈由初级线圈 (激励线圈，相当于变压器原边) P 和次级线圈 (相当于变压器的副边) S_1、S_2 组成；线圈中心插入圆柱形铁芯 (衔铁) b。其中，图 2-10(a) 为三段式差动变压器，图 2-10(b) 为两段式差动变压器。

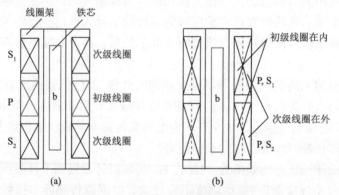

图 2-10 差动变压器结构示意图
(a) 三段式结构；(b) 两段式结构

差动变压器的两个次级线圈反相串接，其电气连接如图 2-11 所示。当初级线圈中加上一定的交变电压 $\dot{E}_P$ 时，在两个次级线圈中分别产生相应的感应电压 $\dot{E}_{S1}$ 和 $\dot{E}_{S2}$，其大小与铁芯在螺管中所处位置有关。由于 $\dot{E}_{S1}$ 与 $\dot{E}_{S2}$ 反相串接，其输出电压 $\dot{E}_S = \dot{E}_{S1} - \dot{E}_{S2}$。当铁芯处于中心位置时，$\dot{E}_{S1} = \dot{E}_{S2}$，则输出电压 $\dot{E}_S = 0$。当铁芯向上运动时，$\dot{E}_{S1} > \dot{E}_{S2}$；当铁芯向下运动时，$\dot{E}_{S1} < \dot{E}_{S2}$，这两种情况下 $\dot{E}_S$ 都不等于 0，而且随着铁芯偏离中心位置，$\dot{E}_S$ 逐渐增加。差动变压器的工作原理与一般变压器的原理是一致的，不同之处在于：一般变压器是闭磁路，而差动变压

器是开磁路，一般变压器原、副绕组之间的互感是常数，而差动变压器原、副边之间的互感随铁芯移动而变动。差动变压器式传感器的工作原理正是建立在互感变化的基础上。

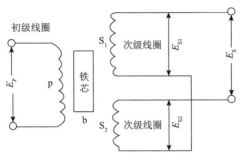

图 2-11　差动变压器的电气连接线路图

2. 等效电路和工作原理

在理想情况下(忽略线圈寄生电容及铁芯损耗)，差动变压器的等效电路如图 2-12 所示。

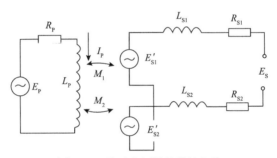

图 2-12　差动变压器的等效电路

由等效电路图可以得

$$
\begin{cases}
\dot{I}_P = \dot{E}_P / (R_P + j\omega L_P) \\
\dot{E}_{S1} = -j\omega M_1 \dot{I}_P \\
\dot{E}_{S2} = -j\omega M_2 \dot{I}_P \\
\dot{E}_S = \dfrac{-j\omega(M_1 - M_2)\dot{E}_P}{R_P + j\omega L_P}
\end{cases}
\tag{2-7}
$$

式中，L_P、R_P 分别为初级线圈的电感与有效电阻；M_1、M_2 分别为初级线圈与两个次级线圈间的互感；$\dot{E}_P$、$\dot{I}_P$ 分别为初级线圈激励电压与电流；$\dot{E}_{S1}$、$\dot{E}_{S2}$ 分别为两个次级线圈的感应电压；ω 为初级线圈激励电压的频率。

下面分三种情况进行讨论。

1) 当铁芯处于中心平衡位置时，互感 $M_1=M_2=M$，则 $\dot{E}_\text{S}=0$。

2) 当铁芯上升时，$M_1=M+\Delta M$，$M_2=M-\Delta M$，则

$$\dot{E}_\text{S} = 2\omega\Delta M\, \dot{E}_\text{P}\Big/ \sqrt{R_\text{P}^2 + \left(\omega L_\text{P}\right)^2}$$

与 $\dot{E}_\text{S1}$ 同相。

3) 当铁芯下降时，$M_1=M-\Delta M$，$M_2=M+\Delta M$，则

$$\dot{E}_\text{S} = -2\omega\Delta M\, \dot{E}_\text{P}\Big/ \sqrt{R_\text{P}^2 + \left(\omega L_\text{P}\right)^2}$$

与 $\dot{E}_\text{S2}$ 同相。

输出电压还可统一写成如下形式：

$$\dot{E}_\text{S} = \frac{2\omega \dot{E}_\text{P}}{\sqrt{R_\text{P}^2 + \left(\omega L_\text{P}\right)^2}}\frac{\Delta M}{M} = 2\dot{E}_\text{S0}\frac{\Delta M}{M} \tag{2-8a}$$

$$\dot{E}_\text{S0} = \frac{\omega \dot{E}_\text{P}}{\sqrt{R_\text{P}^2 + \left(\omega L_\text{P}\right)^2}} \tag{2-8b}$$

式中，$\dot{E}_\text{S0}$ 为铁芯处于中心平衡位置时单个次级线圈的感应电压。差动变压器设计制作成形后，它为一个定值。因此，差动变压器的输出电压与互感量的相对变化成正比。

差动变压器输出电压 $\dot{E}_\text{S}$ 与铁芯位移 x 的关系如图 2-13 所示，其中，x 表示衔铁偏离中心位置的距离。

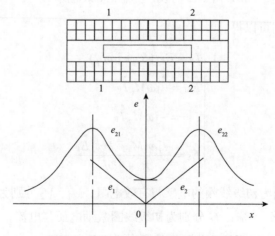

图 2-13　差动变压器的输出特性曲线

3. 基本特性

(1) 灵敏度

差动变压器的灵敏度是指差动变压器在单位电压激磁下，铁芯移动单位距离时所产生的输出电压的变化，其单位为 mV/(mm·V)，一般差动变压器的灵敏度大于 5 mV/(mm·V)。

(2) 频率特性

激磁频率与输出电压有很大的关系。频率的增加将引起与次级绕组相联系的磁通量的增加，使差动变压器的输出电压增加；另外，频率的增加使初级线圈的电抗也增加，铁损和耦合电容等的影响也增加，从而使输出信号又有减小的趋势。因此具体应用时，可在 0.4～5 kHz 内选择。

由差动变压器的等效电路可求得差动变压器次级线圈的感应电压 $\dot{E}_S$ 为

$$\dot{E}_S = \mathrm{j}\omega(M_2 - M_1)\dot{E}_P \big/ (R_P + \mathrm{j}\omega L_P) \tag{2-9}$$

当负载电阻 R_L 与次级线圈连接，感应电势 $\dot{E}_S$ 在 R_L 上产生的输出电压 $\dot{U}_o$ 为

$$\dot{U}_o = \frac{R_L}{R_L + R_S + \mathrm{j}\omega L_S}\dot{E}_S \tag{2-10}$$

式中，$R_S = R_{S1} + R_{S2}$ 为两次级线圈的总电阻；$L_S = L_{S1} + L_{S2}$ 为两次级线圈的总电感。

把式 (2-9) 代入式 (2-10) 得

$$\dot{U}_o = \frac{R_L}{R_L + R_S + \mathrm{j}\omega L_S}\frac{\mathrm{j}\omega(M_2 - M_1)}{R_P + \mathrm{j}\omega L_P}\dot{E}_P \tag{2-11}$$

则

$$U_o = \left|\dot{U}_o\right| = \frac{R_L}{\sqrt{(R_L + R_S)^2 + (\omega L_S)^2}}\frac{\omega(M_2 - M_1)}{\sqrt{R_P{}^2 + (\omega L_P)^2}}\dot{E}_P \tag{2-12a}$$

$$\varphi = \arctan\frac{R_P}{\omega L_P} - \arctan\frac{\omega L_S}{R_L + R_S} \tag{2-12b}$$

由式 (2-12a) 可知，当圆频率较小时，输出电压几乎随圆频率的增大线性增加；但圆频率达到一定程度后，输出电压会随圆频率的增加而减小。差动变压器输出电压的频率特性曲线如图 2-14 所示。若激磁频率为 f_e，那么选择 $f_l < f_e < f_h$ 可使

灵敏度最大，同时也可使频率变动的影响小，且输出电压相位与激磁电压相位基本上一致。

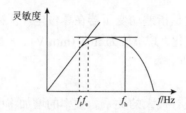

图 2-14　差动变压器输出电压的频率特性曲线

(3) 相位

差动变压器的次级电压对初级电压通常超前几度到几十度相角。其差异程度随差动变压器结构和激磁频率的不同而不同。小型、低频差动变压器超前角大，大型、高频差动变压器超前角小。

差动变压器电压和电流之间的相位如图 2-15 所示。因为初级线圈是感抗性的，所以初级线圈电流 $\dot{I}_\mathrm{P}$ 相对初级电压 $\dot{E}_\mathrm{P}$ 滞后 α 角。如果略去变压器的铁芯损耗并考虑磁通 $\dot{\Phi}$ 与初级电流 $\dot{I}_\mathrm{P}$ 同相，则次级感应电势 $\dot{E}_\mathrm{S}$ 导前 $\dot{\Phi}$ 的相角为 90°，因此 $\dot{E}_\mathrm{S}$ 比 $\dot{E}_\mathrm{P}$ 超前 $(90^\circ - \alpha)$ 相角。

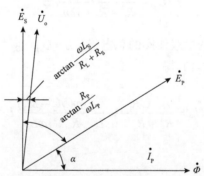

图 2-15　电流和电压之间的相位关系图

在负载 R_L 上取出电压 $\dot{U}_\mathrm{o}$，它又滞后于 $\dot{E}_\mathrm{S}$ 几度。$\dot{U}_\mathrm{o}$ 的相角可用式 (2-12b) 求得。相角的大小与激磁频率和负载电阻有关。实际的差动变压器不能忽略铁损，特别是由于涡流损耗的存在，次级电压要比用式 (2-12b) 计算的结果小些。

当铁芯通过零点时，在零点两侧次级电压相位角发生 180° 变化，实际相位特性如图 2-16 中虚线所示，铁芯位移的变化也会引起次级电压相位的变化。在应用交流自动平衡电路对差动变压器输出电压进行测量时，必须选择随铁芯位移相位变化较小的差动变压器，从这一点来说，用两段形差动变压器比用三段形差动变压器更为有利。

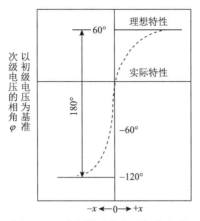

图 2-16　零点附近的电压相角变化

(4)线性范围

理想的差动变压器次级输出电压与铁芯位移呈线性关系。实际上，铁芯的直径、尺度、材料不同和线圈骨架的形状、大小不同等，均对线性关系有直接影响。一般差动变压器的线性范围为线圈骨架长度的 1/10～1/4。

(5)零点残余电压

在理想状况，当两个次级线圈的阻抗相等时，即 $Z_1=Z_2$，这时电桥平衡，输出电压为 0。但由于传感器阻抗是一个复数阻抗，其有感抗也有阻抗，为了达到电桥平衡，就要求两线圈的电阻 R 相等，两线圈的电感 L 相等。实际上，即使铁芯是在平衡位置，这种情况也是难以精确达到的，也就是说不易达到电桥的绝对平衡。若画出铁芯位移 x 与电桥输出电压 U_o 有效值的关系曲线，如图 2-13 所示，e_1、e_2 为理想特性曲线，e_{21}、e_{22} 为实际特性曲线，在零点(铁芯在平衡位置)时仍有一个最小的输出电压。一般把这个最小的输出电压称为零点残余电压，并用 e_0 表示。

零点残余电压产生的主要原因有两个方面：①由于两个二次测量线圈的等效参数不对称时，输出的基波感应电动势的幅值和相位不同，即使调整磁芯位置，幅值和相位也不能达到同时相同；②由于铁芯的 B-H 特性为非线性，产生的高次谐波不同，不能互相抵消。

可以采用以下 3 种方式减小差动变压器的零点残余电压：①在设计工艺上，力求做到磁路对称、线路对称；②选用合适的测量电路，如采用相敏整流电路，既可判别衔铁移动方向又可改善输出特性，减小零点残余电压；③在电路上进行补偿，电路补偿主要有加串联电阻、加并联电容、加反馈电阻或反馈电容等。

图 2-17 是其中典型的几种减小零点残余电压的补偿电路。在差动变压器的线

圈中串、并适当数值的电阻或电容元件，当调整 W_1、W_2 时，可使零点残余电压减小。

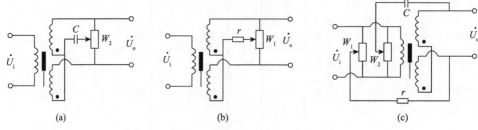

图 2-17　减小零点残余电压的补偿电路

2.2.2　测量电路

常用的测量电路有三种。交流电压测量电路、相敏检波电路和差动整流电路。

1. 交流电压测量电路

由于差动变压器副线圈可以直接输出较大的电压，当主线圈驱动电压为十几伏特时，副线圈通常可以输出伏特级的电压，所以可以不用放大而用电压表、示波器等仪器仪表直接测量差动变压器的输出电压。该方法简单可行，但只能反映位移的大小而不能反映位移的方向。其输出特性如图 2-13 所示。

2. 相敏检波电路之二极管相敏检波电路

通常有两种相敏检波电路，一种为二极管相敏检波电路，如图 2-18 所示；另一种为通用相敏检波电路。二极管相敏检波电路容易做到输出平衡，而且便于阻抗匹配。图 2-18 中调制电压 e_r 和 e_s 同频，经过移相器使 e_r 和 e_s 保持同相或反相，且满足 $e_r \gg e_s$，调节电位器 R 可调平衡。图中电阻 $R_1=R_2=R_0$，电容 $C_1=C_2=C_0$，输出电压为 U_{CD}。

电路工作原理如下所述。

1) 当差动变压器铁芯在中间位置时，$e_s=0$，只有 e_r 起作用。设此时 e_r 为正半周，即 A 为"+"，B 为"–"，则 D_1、D_2 导通，D_3、D_4 截止，流过 R_1、R_2 上的电流分别为 i_1、i_2，其电压降 U_{CB} 及 U_{DB} 大小相等、方向相反，故输出电压 $U_{CD}=0$。当 e_r 为负半周时，A 为"–"，B 为"+"，此时 D_3、D_4 导通，D_1、D_2 截止，流过 R_1、R_2 的电流分别为 i_3、i_4，其电压降 U_{BC} 与 U_{BD} 大小相等、方向相反，故输出电压 $U_{CD}=0$。

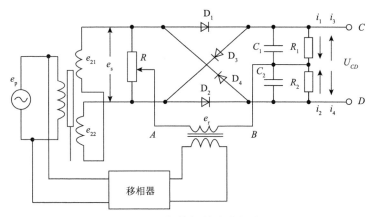

图 2-18　二极管相敏检波电路图

2) 若铁芯上移，e_s 和 e_r 同位相，由于 $e_r ? e_s$，故当 e_r 为正半周时，D_1、D_2 仍导通，D_3、D_4 截止，但 D_1 回路内总电势为 $e_r + e_s/2$，而 D_2 回路为 $e_r - e_s/2$，故回路电流 $i_1 > i_2$，输出电压 $U_{CD} = R_0(i_1 - i_2) > 0$。当 e_r 为负半周时，D_3、D_4 导通，D_1、D_2 截止，此时 D_3 回路内总电势为 $e_r - e_s/2$，D_4 回路内总电势为 $e_r + e_s/2$，所以回路电流 $i_4 > i_3$，故输出电压 $U_{CD} = R_0(i_4 - i_3) > 0$。因此，当铁芯上移时，输出电压 $U_{CD} > 0$。

3) 当铁芯下移时，e_s 和 e_r 相位相反。同理可得 $U_{CD} < 0$。

由此可见，**相敏检波电路能判别铁芯移动的方向，而且移动位移的大小决定了输出电压 U_{CD} 的高低。** 相敏检波电路的输出特性如图 2-19 所示。采用相敏检波电路不仅可以鉴别铁芯移动的方向，而且可以消除零点残余电压中的高次谐波成分。采用相敏检波前铁芯反行程时的特性曲线为图 2-19 中的曲线 1，采用相敏检波后，铁芯反行程的特性曲线变为 2。

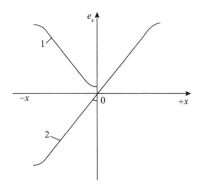

图 2-19　采用相敏检波电路的输出特性

3. 相敏检波电路之通用相敏检波电路

通用相敏检波电路如图 2-20 所示。音频振荡器产生的交流电作为差动变压器的驱动电压，同时将信号送入移相器作为参考信号。在调好相敏检波器后，当衔铁处于非平衡位置时，调节移相器，使参考信号与输入信号同相(或反相)。经过低通滤波器后，就可得到直流信号。当衔铁调制平衡位置时，经过低通滤波器后的信号输出为 0。

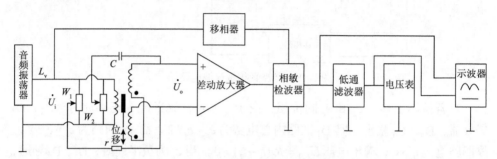

图 2-20　通用相敏检波电路原理框图

4. 差动整流电路

差动整流电路是一种常用的测量电路形式。把差动变压器的两个次级电压分别整流后，以它们的差作为输出，这样次级电压的相位和零点残余电压都不必考虑。图 2-21 为两种典型的差动整流电路，其中图(a)用在连接高阻抗负载(如数字电压表)的场合，是**电压输出型整流电路**；图(b)用在连接低阻抗负载(如动圈式电流表)的场合，是**电流输出型整流电路**。

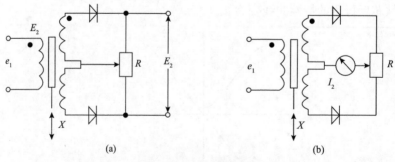

(a)　　　　　　　　　　　　　　　(b)

图 2-21　差动整流电路

(a)电压输出型；(b)电流输出型

差动整流后输出电压的线性度与不经整流的次级输出电压的线性度相比有些变化。当次级线圈阻抗高、负载电阻小、接入电容器滤波时，其输出线性度的变化倾向是铁芯位移大、线性度增加。利用这一特性能使差动变压器的线性范围得到扩展。

2.2.3　差动变压器基础实验

1. 实验目的

掌握差动变压器的基本原理和基本特性。

2. 需用器件与单元

浙江高联传感实验系统主机箱中的±15 V 直流稳压电源、音频振荡器；差动变压器、差动变压器实验模板、测微头、双踪示波器。

3. 实验内容和步骤

1) 将差动变压器固定在差动变压器实验模板左上方的固定架上，并将变压器的航空插头引线接入实验模板的航空插座；将测微头固定在实验模板右上方的固定架上，并调整位置使测微头的螺杆可以很方便地控制差动变压器的铁芯连杆；将主机箱音频振荡器的输出信号接入实验模板作为差动变压器主线圈的驱动电压，同时该信号接入双踪示波器的 CH1；差动变压器的两输出端接入示波器的 CH2。实验模板接上相应的电源连线。模板中的 L_1 为差动变压器的初级线圈，L_2、L_3 为次级线圈，＊号为同名端；L_1 的激励电压必须从主机箱中的音频振荡器的 L_V 端引入。检查接线无误后合上主机箱电源开关，调节音频振荡器的频率为 4～5 kHz、幅度为峰-峰值 V_{p-p}=2 V，以此作为差动变压器初级线圈的激励电压(示波器设置提示：触发源选择内触发 CH1、水平扫描速度 TIME/DIV 在 0.01～0.1 ms 内选择、触发方式选择 AUTO。垂直显示方式为双踪显示 DUAL、垂直输入耦合方式选择交流耦合 AC、CH1 灵敏度 VOLTS/DIV 在 0.5～1 V 内选择、CH2 灵敏度 VOLTS/DIV 在 0.05～0.1 V 内选择)。

2) 差动变压器的性能实验：使用测微头时，在来回调节微分筒使测杆产生位移的过程中本身存在机械回程差，为消除这种机械回程差可用如下 a、b 两种方法实验，建议用 b 方法可以检测到差动变压器零点残余电压附近的死区范围。

a. 调节测微头的微分筒(0.01 mm/每小格)，使微分筒的 0 刻度线对准轴套的10 mm 刻度线。松开安装测微头的紧固螺钉，移动测微头的安装套使示波器第二通道显示的波形 V_{p-p}(峰-峰值)为较小值(越小越好，变压器铁芯大约处在中间位置)时，拧紧紧固螺钉。仔细调节测微头的微分筒使示波器第二通道显示的波形 V_{p-p} 为最小值(零点残余电压)，并定为位移的相对零点。这时可假设其中一个方向位移为正，另一个方向位移为负，从 $V_{p\text{-}p}$ 最小开始旋动测微头的微分筒，每隔 $\Delta X=0.2$ mm(可取 30 点值)从示波器上读出输出电压 $V_{p\text{-}p}$ 值，填入自行设计的表格中，再将测微头位移退回到 $V_{p\text{-}p}$ 最小处开始反方向(也取 30 点值)做相同的位移实验。在实验过程中请注意：①从 $V_{p\text{-}p}$ 最小处决定位移方向后，测微头只能按所定方向调节位移，中途不允许回调，否则由于测微头存在机械回程差而引起位移误差，所以实验时每点位移量须仔细调节，绝对不能调节过量，如过量则只好剔除这一点粗大误差继续做下一点实验或者回到零点重新做实验；②当一个方向行程实验结束，做另一方向时，测微头回到 $V_{p\text{-}p}$ 最小处时它的位移读数有变化(没有回到原来起始位置)是正常的，做实验时位移取相对变化量 ΔX 为定值，与测微头的起始点定在哪一根刻度线上没有关系，只要中途测微头微分筒不回调就不会引起机械回程误差。

b. 调节测微头的微分筒(0.01 mm/每小格)，使微分筒的 0 刻度线对准轴套的 10 mm 刻度线。松开安装测微头的紧固螺钉，当移动测微头的安装套使示波器第二通道显示的波形 $V_{p\text{-}p}$(峰–峰值)为较小值(越小越好，变压器铁芯大约处在中间位置)时，拧紧紧固螺钉，再顺时针方向转动测微头的微分筒 12 圈，记录此时的测微头读数和示波器 CH2 通道显示的波形 $V_{p\text{-}p}$ 值(峰–峰值)，并以此为实验起点值。之后，反方向(逆时针方向)调节测微头的微分筒，每隔 $\Delta X=0.2$ mm(可取 60～70 点值)从示波器上读出输出电压 $V_{p\text{-}p}$ 值，填入自行设计的表格中(这样单行程位移方向做实验可以消除测微头的机械回程差)。

简而言之，就是让衔铁从偏离平衡位置约 6 mm 处开始，使衔铁向平衡位置移动，并越过平衡位置约 6 mm。在此过程中，每隔 0.2 mm 记录一个数据点(测微头读数和示波器 CH2 的 $V_{p\text{-}p}$ 值)。

3)根据记录数据画出 X-$V_{p\text{-}p}$ 曲线并找出差动变压器的零点残余电压。

4)调节主机箱音频振荡器 L_V 输出频率为 1 kHz、幅度 $V_{p\text{-}p}=1$ V(示波器监测)。调节测微头微分筒使差动变压器的铁芯处于偏离平衡位置[步骤 3)中已确定该位置]约 3.0 mm 处，此时差动变压器有某个较大的 $V_{p\text{-}p}$ 输出，记录此时的频率和 $V_{p\text{-}p}$ 值。

5)在保持位移量不变的情况下改变激励电压(音频振荡器)的频率从 1～9 kHz(激励电压幅值 1 V 不变)时，将差动变压器的相应输出的 $V_{p\text{-}p}$ 值记入自行设计的数据表格中。实验完毕，关闭电源。

6)做出幅频(f-$V_{p\text{-}p}$)特性曲线，并与图 2-14 和式(2-12a)比较，尝试确定 f_l 和 f_h 值。

7)根据图 2-17(c)接好差动变压器模板的零点残余电压补偿电路，差动变压器原边激励电压从音频振荡器的 L_V 插口引入，实验模板中的 R_1、C_1、R_{w1}、R_{w2} 为交流电桥调平衡网络。将差动变压器输出信号经过模板的放大器放大后接入双踪示波器的 CH2。

8) 检查接线无误后合上主机箱电源开关,用示波器 CH1 通道监测并调节主机箱音频振荡器 L_V 输出频率为 4～5 kHz、幅值为 2 V(峰-峰值)的激励电压。

9) 调整测微头,使放大器输出电压(用示波器 CH2 通道监测)最小。

10) 依次交替调节 R_{w1}、R_{w2},使放大器输出电压进一步降至最小。

11) 从示波器上观察差动变压器的零点残余电压值(峰-峰值)(注:这时的零点残余电压是经放大后的零点残余电压,所以经补偿后的零点残余电压: $V_{零点p\text{-}p}=\dfrac{V_0}{K}$; K 是放大倍数,约为 7 倍),并与步骤 3) 中的零点残余电压比较是否小很多。实验完毕,关闭电源。

2.2.4　差动变压器综合实验

1. 实验目的

进一步熟悉相敏检波器,掌握使用差动变压器的基本检测技术。

2. 需用器件与单元

浙江高联传感系统主机箱中的±2～±10 V(步进可调)直流稳压电源、±15 V 直流稳压电源、音频振荡器、电压表;差动变压器、差动变压器实验模板、移相器/相敏检波器/低通滤波器实验模板;测微头、双踪示波器。

3. 实验步骤

1) 相敏检波器电路调试:将主机箱的音频振荡器的幅度调到最小(幅度旋钮逆时针轻轻转到底),将±2～±10 V 可调电源调节到±2 V 挡。

将主机箱的音频振荡器的 L_V 输出接入相敏检波器的输入端,同时接入示波器的 CH1;相敏检波器的输出端接入示波器的 CH2;相敏检波器的 DC 参考输入端接入−4 V 左右的直流电压。接好模板的电源接线。检查接线无误后合上主机箱电源开关,调节音频振荡器频率 f = 5 kHz、峰-峰值 $V_{p\text{-}p}$=5 V(用示波器测量。提示: 正确选择双踪示波器的"触发"方式及其他设置,触发源选择内触发 CH1、水平扫描速度 TIME/DIV 在 0.01～0.1 ms 内选择、触发方式选择 AUTO;垂直显示方式为双踪显示 DUAL、垂直输入耦合方式选择直流耦合 DC、灵敏度 VOLTS/DIV 在 1～5 V 内选择。当 CH1、CH2 输入对地短接时移动光迹线居中后再去测量波形。)。

调节相敏检波器的电位器钮使示波器显示幅值相等、相位相反的两个波形。

当将 DC 参考输入端改接入+4 V 左右的直流电压时,示波器显示幅值相等、相位相同的两个波形。到此,相敏检波器电路已调试完毕,之后不要再触碰这个电位器钮。关闭电源。

2)调节测微头的微分筒,使微分筒的 0 刻度值与轴套上的 10 mm 刻度值对准。将差动变压器固定在差动变压器实验模板左上方的固定架上,并将变压器的航空插头引线接入实验模板的航空插座;将测微头固定在实验模板右上方的固定架上,并调整位置使测微头的螺杆可以很方便地控制差动变压器的铁芯连杆。按图 2-20 接好电路,并接好各模板的电源接线。将音频振荡器幅度调节到最小(幅度旋钮逆时针轻转到底);电压表的量程切换开关切到 20 V 挡。检查接线无误后合上主机箱电源开关。

3)调节音频振荡器频率 f=5 kHz、幅值 V_{p-p}=2 V(用示波器的 CH1 监测)。

4)松开测微头安装孔上的紧固螺钉。顺着差动变压器衔铁的位移方向移动测微头的安装套(左、右方向都可以),使差动变压器的衔铁明显偏离 L_1 初级线圈的中点位置,再调节移相器的移相电位器使相敏检波器输出为全波整流波形(示波器 CH2 的灵敏度 VOLTS/DIV 在 0.05~1 V 内选择监测),说明此时输入相敏检波器的信号与参考信号同相或反相(参阅图 1-12)。再缓慢仔细移动测微头的安装套,使相敏检波器输出波形幅值尽量为最小(尽量使衔铁处在 L_1 初级线圈的中点位置)并拧紧测微头安装孔的紧固螺钉。

5)调节差动变压器实验模板中的 R_{w1}、R_{w2}(两者配合交替调节),使相敏检波器输出波形趋于水平线(可相应调节示波器量程挡观察)并且电压表显示趋于 0 V。

6)调节测微头的微分筒,使衔铁偏离平衡位置约 6.0 mm,以此为起点,调节测微头的微分筒,将衔铁向平衡位置移动,并越过平衡位置约 6.0 mm。在移动过程中,每隔 0.2 mm 从电压表上读取低通滤波器输出的电压值,同时记录测微头位置的读数,填入自行设计的表格中。

7)将零点残余电压补偿电路部分接线拔出,重做步骤 6),并记录相应数据。实验完毕后关闭电源开关。

8)根据测试数据做出实验曲线,截取线性比较好的线段计算灵敏度 $S=\Delta V/\Delta X$ 与线性度及测量范围,并比较零点残余电压补偿电路的作用。

9)将差动变压器卡在传感器安装支架的 U 形槽上并拧紧差动变压器的夹紧螺母,再安装到振动源的升降杆上。调整传感器安装支架使差动变压器的衔铁连杆与振动台接触,再调节升降杆使差动变压器衔铁大约处于 L_1 初级线圈的中点位置。将低频振动器输出电压接入振动源低频输入端。其余与图 2-20 的电路相同,并接好各模板的电源接线。将音频振荡器幅度调节到最小(幅度旋钮逆时针轻转到底);电压表的量程切换开关切到 20 V 挡。检查接线无误后合上主机箱电源开关。

10)低频振荡器的幅度电位器逆时针轻轻转到底(幅度最小),并调整好有关部分，调整如下：①用示波器 CH1 通道监测音频振荡器 L_V 的频率和幅值，调节音频振荡器的频率、幅度旋钮，使 L_V 输出 4～5 kHz、$V_{p\text{-}p}$=2 V；②用示波器 CH2 通道观察相敏检波器输出(图 2-20 中低通滤波器输出中接的示波器改接到相敏检波器输出)，用手按住振动平台(让传感器产生一个大位移)，仔细调节移相器的移相电位器钮，使示波器显示的波形为一个接近全波整流波形；③手离开振动台，调节升降杆(松开紧固螺钉转动升降杆的铜套)的高度，使示波器显示的波形幅值为最小；④仔细调节差动变压器实验模板的 R_{w1} 和 R_{w2}(交替调节)，使示波器(相敏检波器输出)显示的波形幅值更小，趋于一条接近零点的线(否则再调节 R_{w1} 和 R_{w2})；⑤调节低频振荡器幅度旋钮和频率(8 Hz 左右)旋钮，使振动平台振荡较为明显。用示波器观察相敏检波器的输入、输出波形及低通滤波器的输出波形[正确选择双踪示波器的"触发"方式及其他(TIME/DIV：在 20～50 ms 内选择；VOLTS/DIV：0.1～1 V 内选择)设置]。

11) 做出相敏检波器的输入、输出及低通滤波器的输出波形，并与低频振荡器输出信号比较。实验完毕，关闭主机箱电源。

第3章 电容式传感器原理及实验

电容式传感器(capacitive transducer)是指将被测量(如尺寸、压力等)的变化转换成电容量变化的一种传感器。实际上,它本身(或和被测物体一起)就是一个可变电容器。电容式传感器具有结构简单、灵敏度高、温度稳定性好、适应性强、动态性能好等一系列优点,目前在检测技术中广泛应用于位移、振动、角度、加速度、液位、压力、成分含量等物理量的测量中。

3.1 电容式传感器的工作原理和结构

3.1.1 电容器的原理和结构介绍

1. 平板电容器

电容器的形状有很多种,作为传感器件常用的是平板电容器和柱形或筒状电容器。

平板电容器是最简单的电容器,如图 3-1(a)所示。当忽略电容器的边缘效应时,其电容量为

$$C = \frac{\varepsilon S}{d} = \frac{\varepsilon_r \varepsilon_0 S}{d} \tag{3-1}$$

式中,C 为电容量;S 为极板面积;d 为极板间的距离;ε 为极板间介质的介电常数,$\varepsilon = \varepsilon_r \varepsilon_0$;$\varepsilon_0$ 为真空介电常数,$\varepsilon_0 = 8.85 \times 10^{-12} \text{F/m}$;$\varepsilon_r$ 为极板间介质的相对介电常数。

由式(3-1)可知,当 d、S 和 ε(或 ε_r)任一参数变化时,电容量 C 也随之变化,从而使其测量电路的输出电压或电流发生相应变化。常用的结构如图 3-1(b)所示。

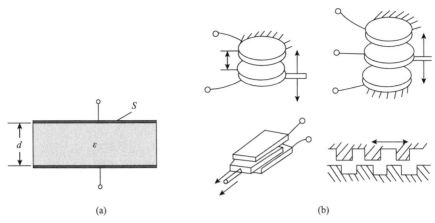

图 3-1　平板电容器及常用平板电容式传感器结构

2. 柱形电容器

柱形电容器示意图如图 3-2(a)所示。

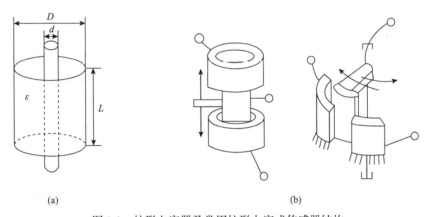

图 3-2　柱形电容器及常用柱形电容式传感器结构

若高为 L，外圆筒直径为 D，内圆筒直径为 d，介质介电常数为 ε，其电容量可表示为

$$C = \frac{2\pi\varepsilon L}{\ln\dfrac{D}{d}} \tag{3-2}$$

由式(3-2)可知，当 L 或 ε 变化时，其电容量 C 也随之变化。当 $D \approx d$ 时，柱形电容器可以当成平板电容器处理。与平板电容器相比，柱形电容器还可设计成电容极板正对面积与旋转角度有关，因此，柱形电容器可以做成角度传感器。常见的柱形电容式传感器如图 3-2(b)所示。

3.1.2　电容式传感器的原理

前面说过，可以通过改变电容器极板面积、极板间距甚至是极板间介质做成不同的传感器，但通过改变面积做成的传感器相对较多。下面主要介绍变面积式电容传感器。

1. 直线位移变面积式电容传感器

图 3-3(a) 为一直线位移式电容传感器原理图。当动极板移动Δx后，面积 S 就改变了，电容值也就随之改变。当忽略边缘效应时，电容值为

$$C_x = \frac{\varepsilon b(a-\Delta x)}{d} = \frac{\varepsilon ba - \varepsilon b\Delta x}{d} = C_0 - \frac{\varepsilon b}{d}\Delta x$$

$$\Delta C = C_x - C_0 = -\frac{\varepsilon b}{d}\Delta x \tag{3-3}$$

式中，ε 为电容器极板间介质的介电常数；C_0 为电容器初始电容，$C_0 = \varepsilon ab/d$。

电容灵敏度 K 为

$$K = -\frac{\Delta C}{\Delta x} = \frac{\varepsilon b}{d} \tag{3-4}$$

由式 (3-3) 和式 (3-4) 可知，在忽略边缘效应的条件下，变面积式电容传感器的输出特性是线性的，灵敏度 K 为一常数。增大极板边长 b，减小间距 d 都可以提高灵敏度，但极板宽度 a 不宜过小，否则会因边缘效应的增加影响其线性特性。

对于图 3-1(b) 中的锯齿状变面积式电容传感器，它是图 3-3(a) 的一种变形。采用齿形极板的目的是为了增加遮盖面积，提高分辨率和灵敏度。当极板的齿数为 n 时，移动Δx 后其电容为

$$C_x = n\left(C_0 - \frac{\varepsilon b}{d}\Delta x\right)$$

$$\Delta C = C_x - nC_0 = -\frac{n\varepsilon b}{d}\Delta x \tag{3-5}$$

电容灵敏度为

$$K' = -\frac{\Delta C}{\Delta x} = n\frac{\varepsilon b}{d} \tag{3-6}$$

可见其灵敏度为单极板的 n 倍。

2. 角位移变面积式电容传感器

图 3-3(b)是角位移式电容传感器的原理图。当动片有一角位移 θ 时，两极板间覆盖面积 S 就改变，从而改变了两极板间的电容量。

当 $\theta = 0$ 时，

$$C_0 = \frac{\varepsilon S}{d}$$

当 $\theta \neq 0$ 时，

$$C_\theta = \frac{\varepsilon S(1 - \theta / \pi)}{d} = C_0(1 - \theta / \pi)$$

$$\Delta C = C_\theta - C_0 = -C_0 \frac{\theta}{\pi} \tag{3-7}$$

电容灵敏度 K_θ 为

$$K_\theta = -\frac{\Delta C}{\theta} = \frac{C_0}{\pi} \tag{3-8}$$

由式(3-7)和式(3-8)可知，角位移式电容传感器的输出特性是线性的，电容灵敏度 K_θ 为常数。

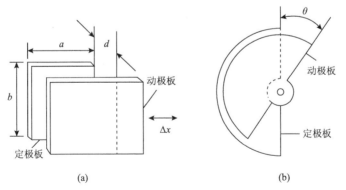

图 3-3　变面积式电容传感器

(a)直线位移式；(b)角位移式

3.1.3　电容式传感器的工作电路

在实际的自动化检测中，仅将探测量的变化转化为电容的变化还不够，还要将电容的变化转化为电压或电流的变化，这个转化由传感器的测量电路或工作电路来完成。电容式传感器常用的工作电路有很多，如运放电路、电桥电路、二极管 T 形网络电路、脉宽调制电路等。本书中介绍二极管环形充放电电路。

二极管环形充放电电路如图 3-4 所示。环形充放电电路由二极管 D_3、D_4、D_5、D_6、电容器 C_4、电感器 L_1 和 C_{X1}、C_{X2}（实验差动电容位移传感器）组成。

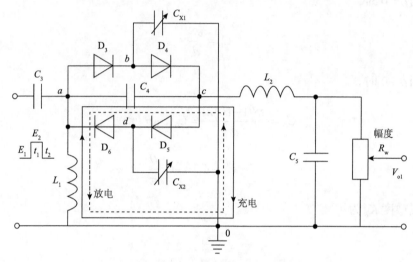

图 3-4　二极管环形充放电电路

当高频激励电压($f>100$ kHz)经 C_3 输入到 a 点，由低电平 E_1 跃到高电平 E_2 时，C_{X1} 和 C_{X2} 两端电压均由 E_1 充到 E_2。充电电荷一路由 a 点经 D_3 到 b 点，再对 C_{X1} 充电到 0 点(地)；另一路由 a 点经 D_4 到 c 点，再经 D_5 到 d 点，对 C_{X2} 充电到 0 点。此时，D_4 和 D_6 由于反偏置而截止。在 t_1 充电时间内，由 a 点到 c 点的电荷量为

$$Q_1 = C_{X2}(E_2 - E_1) \tag{3-9}$$

当高频激励电压由高电平 E_2 返回到低电平 E_1 时，C_{X1} 和 C_{X2} 均放电。C_{X1} 经 b 点、D_4、c 点、C_4、a 点、L_1 放电到 0 点；C_{X2} 经 d 点、D_6、L_1 放电到 0 点。在 t_2 放电时间内，由 c 点到 a 点的电荷量为

$$Q_2 = C_{X1}(E_2 - E_1) \tag{3-10}$$

当然，式(3-9)和式(3-10)是在 C_4 电容值远远大于传感器 C_{X1} 和 C_{X2} 电容值的前提下得到的结果。电容器 C_4 的充放电回路由图 3-4 中实线、虚线箭头所示。

在一个充放电周期内($T=t_1+t_2$)，由 c 点到 a 点的电荷量为

$$Q = Q_2 - Q_1 = (C_{X1} - C_{X2})(E_2 - E_1) = \Delta C_X \Delta E \tag{3-11}$$

式中，C_{X1} 与 C_{X2} 的变化趋势是相反的(传感器的结构决定的，是差动式)。

设激励电压频率 $f = 1/T$，则流过 ac 支路输出的平均电流 i 为

$$i = fQ = f\Delta C_{\mathrm{x}}\Delta E \tag{3-12}$$

式中，ΔE 为激励电压幅值；ΔC_{x} 为传感器的电容变化量。

由式 (3-12) 可看出：当 f、ΔE 一定时，输出的平均电流 i 与 ΔC_{x} 成正比，由此输出的平均电流 i 经电路中的电感器 L_2、电容器 C_5 滤波变为直流 I 输出，再经 R_{w} 转换成电压输出 $V_{\mathrm{o1}}=IR_{\mathrm{w}}$。由传感器原理已知，$\Delta C$ 与位移 ΔX 成正比，所以通过测量电路的输出电压 V_{o1} 就可知位移 ΔX。

3.2　电容式传感器实验

1. 实验目的

掌握电容式传感器的工作原理、测量电路和有关应用测试。

2. 需用器件与单元

浙江高联传感实验系统主机箱±15 V 直流稳压电源、电压表；电容式传感器、电容式传感器实验模板、测微头、信号发生器。

3. 实验内容和步骤

1) 按图 3-5 安装好电容式传感器和测微头；将电容式传感器的引线航空插头插入实验模板的航空插座；将实验模板上的放大输出接电压表。实验模板接上电源接线。

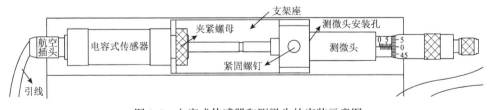

图 3-5　电容式传感器和测微头的安装示意图

2) 将实验模板上的 R_{w} 调节到中间位置 (方法：逆时针转到底再顺时转 3 圈)。

3) 将主机箱上的电压表量程切换开关打到 2 V 挡，检查接线无误后合上主机箱电源开关，旋转测微头改变电容式传感器的动极板位置使电压表显示 0 V，再转动测微头 (同一个方向) 6 圈，记录此时测微头的读数和电压表显示值并以此为实验起点值。之后，反方向每转动测微头 1 圈，即 $\Delta X=0.2$ mm，读取电压表读数 (转

12 圈，读取相应的电压表读数)，将数据填入自行设计的表格中。

4) 根据记录的数据做出 ΔX-V 实验曲线，并截取线性比较好的线段计算灵敏度 $S = \Delta V / \Delta X$ 和非线性误差 δ 及测量范围。

5) 将信号发生器的方波信号通过图 3-4 中的 C_3 输入至 a 点。调节电容式传感器动端至偏离平衡位置约 3 mm。改变方波的频率(5 个不同的频率)和幅度(5 个不同的幅度)，测量电路的输出电压，并填入自行设计的表格。实验完毕后关闭电源开关。

6) 分析方波的频率和幅度与输出电压之间的关系，并与式(3-12)的规律比较。

第4章 压电式传感器原理及实验

压电式传感器(piezoelectric transducer)以某些电介质的**压电效应**为基础,它是典型的有源传感器(发电型传感器)。最常用的**压电材料是**天然石英晶体(SiO_2)和人造压电陶瓷(如钛酸钡、锆钛酸铅、铌酸钾等)多晶体。

压电敏感元件是**力敏元件**,在外力作用下,压电敏感元件(压电材料)的表面上产生电荷,从而实现非电量电测的目的。压电式传感器特别适合于**动态测量**,绝大多数加速度(振动)传感器属压电式传感器。压电式传感器可以对各种动态力、机械冲击和振动进行测量,在声学、医学、力学、导航方面都得到了广泛的应用。它的主要缺点是压电转换元件无静态输出,输出阻抗高,需高输入阻抗的前置放大级作为阻抗匹配,而且很多压电元件的工作温度最高只有250℃左右。

4.1 压电式传感器的工作原理

压电式传感器的工作原理是基于压电材料的压电特性。

4.1.1 压电效应

某些单晶体或多晶体陶瓷电介质,当沿着一定方向对其施加力而使它变形时,内部就产生极化现象,同时在它的两个对应晶面上便产生符号相反的等量电荷,当外力取消后,电荷也消失,又重新恢复不带电的状态,这种现象称为**压电效应**(图 4-1)。当作用力的方向改变时,电荷的极性也随着改变。相反,当在电介质的极化方向上施加电场(加电压)作用时,这些电介质晶体会在一定的晶轴方向产生机械变形,外加电场消失,变形也随之消失,这种现象称为**逆压电效应**(电致伸缩)。具有压电效应的材料称为压电材料,常见的压电材料有两类:压电单晶体,如石英、酒石酸钾钠等;人工多晶体压电陶瓷,如钛酸钡、锆钛酸铅等。利用压电效应的器件称为**压电元件**。压电式传感器是**双向传感器**。

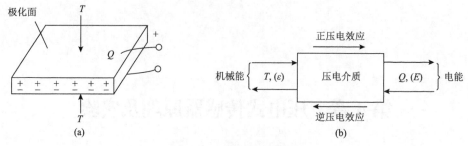

图 4-1　压电效应示意图

4.1.2　压电方程

压电材料的压电特性常用**压电方程**来描述：

$$q_i = d_{ij}\sigma_j \quad \text{或} \quad Q = d_{ij}F \tag{4-1}$$

式中，q 为电荷面密度（C/cm^2）；Q 为总电荷量（C）；σ 为单位面积上的作用力，即应力（N/cm^2）；F 为作用力；d_{ij} 为压电常数（C/N）（$i=1$，2，3；$j=1$，2，3，4，5，6）。

压电方程中有两个下角标，其中第一个下角标 i 表示晶体的极化方向。当产生电荷的表面垂直于 x 轴（y 轴或 z 轴）时，记为 $i=1$（或 2 或 3）。第二个下角标 $j=1$，2，3，4，5，6 分别表示沿 x 轴、y 轴、z 轴方向的**单向应力**和在垂直于 x 轴、y 轴、z 轴的平面（即 yz 平面、zx 平面、xy 平面）内作用的**剪切力**。单向应力的符号规定拉应力为正，压应力为负；剪切力的符号用右手螺旋定则确定。图 4-2 表示了它们的方向。另外，还需要对逆压电效应在晶体内产生的电场方向也作一规定，以确定 d_{ij} 的符号，使得方程组具有更普遍的意义。当电场方向指向晶轴的正向时为正，反之为负。

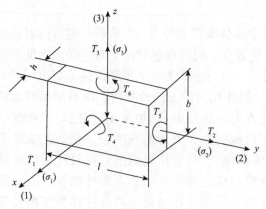

图 4-2　压电元件的坐标系表示法

当晶体在任意受力状态下产生的电荷面密度可由下列方程组决定：

$$\begin{cases} q_1 = d_{11}\sigma_1 + d_{12}\sigma_2 + d_{13}\sigma_3 + d_{14}\sigma_4 + d_{15}\sigma_5 + d_{16}\sigma_6 \\ q_2 = d_{21}\sigma_1 + d_{22}\sigma_2 + d_{23}\sigma_3 + d_{24}\sigma_4 + d_{25}\sigma_5 + d_{26}\sigma_6 \\ q_3 = d_{31}\sigma_1 + d_{32}\sigma_2 + d_{33}\sigma_3 + d_{34}\sigma_4 + d_{35}\sigma_5 + d_{36}\sigma_6 \end{cases} \tag{4-2}$$

式中，q_1、q_2、q_3 分别为垂直于 x 轴、y 轴、z 轴平面上的电荷面密度；σ_1、σ_2、σ_3 分别为沿着 x 轴、y 轴、z 轴的单向应力；σ_4、σ_5、σ_6 分别为垂直于 x 轴、y 轴、z 轴平面内的剪切应力；$d_{ij}(i=1，2，3；j=1，2，3，4，5，6)$ 为压电常数。

这样，压电材料的压电特性可以用它的**压电常数矩阵**表示如下：

$$\left[d_{ij} \right] = \begin{bmatrix} d_{11} & d_{12} & d_{13} & d_{14} & d_{15} & d_{16} \\ d_{21} & d_{22} & d_{23} & d_{24} & d_{25} & d_{26} \\ d_{31} & d_{32} & d_{33} & d_{34} & d_{35} & d_{36} \end{bmatrix} \tag{4-3}$$

4.1.3　石英晶体的压电效应

石英晶体有天然的和人工培养的两种，它的压电系数 d_{11} 的温度变化率很小，在 20～200℃内约为 -2.15×10^{-6}/℃。石英晶体由于灵敏度低、介电常数小，在一般场合已逐渐被其他压电材料所代替。但它具有一些其他压电材料没有的优点，如高安全应力、高安全温度、性能稳定，以及没有热释电效应等，所以在一些高性能和高稳定性场合如晶振等还是被选用。如图 4-3 所示为天然石英晶体结构，属正六面体，**正交晶系**：

Z-Z 轴——光轴，该轴方向无压电效应和双折射现象；

X-X 轴——电轴，垂直于此轴的棱面上压电效应最强；

Y-Y 轴——机械轴，在电场作用下，沿该轴方向的机械变形最明显。Y-Y 轴方向具有横向压电效应，而沿光轴 Z-Z 方向受力时不产生压电效应。

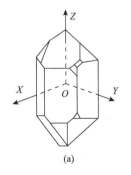
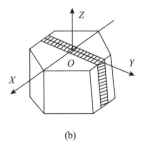

(a)　　　　　　　　　(b)　　　　　　　　　(c)

图 4-3　石英晶体

(a)石英晶体外形；(b)晶系；(c)石英晶体切片

通常把沿电轴 X-X 方向的力的作用下产生的电荷压电效应称为纵向电压效应,而把沿机械轴 Y-Y 方向的力的作用下产生的电荷压电效应称为横向压电效应。

从晶体上沿轴线切下的薄片称为压电晶体切片,如图 4-3(c)所示。当晶片沿 X 轴方向受到外力 F_x 作用时,晶片将产生厚度变形并产生极化现象,在晶体线性弹性范围内,极化强度 P_x 与应力 $\sigma_x(=F_x/lb)$ 成正比,即

$$P_x = d_{11}\sigma_x = d_{11}\frac{F_x}{lb} \tag{4-4}$$

式中,P_x 为沿晶轴 X 方向施加的作用力;d_{11} 为压电常数;l 和 b 分别为石英晶片的长度和宽度。

而极化强度 P_x 等于晶体表面的面电荷密度,即

$$P_x = q_x = Q_x/lb \tag{4-5}$$

式中,Q_x 为垂直于 X 轴晶面上的电荷。

把式(4-5)代入式(4-4),得

$$Q_x = d_{11}F_x \tag{4-6}$$

从式(4-6)中可以看出,当晶体受到 X 方向的外力作用时,晶面上产生的电荷 Q_x 与作用力 F_x 成正比,而与晶片的几何尺寸无关。电荷 Q_x 的极性视 F_x 是受压还是受拉而决定,如图 4-4 所示。

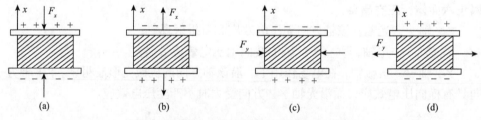

图 4-4　晶片上电荷的极性与受力方向的关系

如果在同一晶片上,作用力是沿着机械轴 Y-Y 方向,其电荷仍在与 X 轴垂直的平面上出现,极性见图 4-4(c)和图 4-4(d)。此时电荷量为

$$Q_x = d_{12}\frac{lb}{bh}F_y = d_{12}\frac{l}{h}F_y \tag{4-7}$$

式中,d_{12} 为石英晶体在 Y 方向受力时的压电系数;l 和 h 分别为晶片的长度和厚度。

根据石英晶体轴的对称条件,$d_{12}=-d_{11}$,则式(4-7)可改写为

$$Q_x = -d_{11} \frac{l}{h} F_y \qquad (4\text{-}8)$$

式中，负号表示沿 Y 轴的压缩力产生的电荷与沿 X 轴施加的压缩力所产生的电荷极性相反。从式(4-8)可见，当沿机械轴方向施加作用力时，产生的电荷量与晶片的几何尺寸有关。

此外，石英压电晶体除纵向、横向压电效应外，在切向应力的作用下也会产生电荷。

4.1.4　压电陶瓷的压电效应

压电陶瓷是人工多晶体压电材料。压电陶瓷在没有极化之前不具有压电效应，是非压电体；压电陶瓷经过极化处理后具有压电效应，如图 4-5 所示，其电荷量 Q 与力 F 成正比，即

$$Q = d_{33} F \qquad (4\text{-}9)$$

式中，d_{33} 为压电陶瓷的纵向压电常数。

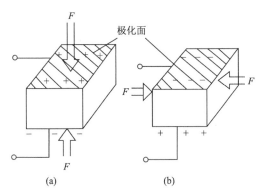

图 4-5　压电陶瓷的压电效应

压电陶瓷的微晶通常属**正交晶系**，将压电陶瓷的极化方向规定为 Z 轴；垂直于极化方向(Z 轴)的平面内，任意选择一正交轴系为 X 轴和 Y 轴。极化压电陶瓷的平面是各向同性的，因此它的 X 轴和 Y 轴是可以互易的，对于压电常数，可用等式 $d_{32} = d_{31}$ 来表示。

当极化压电陶瓷受到如图 4-5(b)所示的横向均匀分布的作用力 F 时，在极化面上分别出现正、负电荷，其电量 Q 为

$$Q = -d_{32} \frac{S_x}{S_y} F = -d_{31} \frac{S_x}{S_y} F \qquad (4\text{-}10)$$

式中，S_x 为极化面的面积；S_y 为受力面的面积。

Z 轴方向极化的钛酸钡（$BaTiO_3$）压电陶瓷的压电常数矩阵为

$$\left[d_{ij}\right]=\begin{bmatrix} 0 & 0 & 0 & 0 & d_{15} & 0 \\ 0 & 0 & 0 & d_{24} & 0 & 0 \\ d_{31} & d_{32} & d_{33} & 0 & 0 & 0 \end{bmatrix}=\begin{bmatrix} 0 & 0 & 0 & 0 & d_{15} & 0 \\ 0 & 0 & 0 & d_{15} & 0 & 0 \\ d_{31} & d_{31} & d_{33} & 0 & 0 & 0 \end{bmatrix} \tag{4-11}$$

其独立压电常数只有 d_{31}、d_{33}、d_{15} 三个（$d_{31}=d_{32}$，$d_{24}=d_{15}$）。

压电陶瓷是人工多晶体压电材料。压电陶瓷在没有极化之前不具有压电效应，经过极化处理后才具有压电效应。这是因为压电陶瓷内部存在自发极化的"电畴"结构，在没有极化前，这些电畴随机分布，总极化强度为 0，无剩余极化，也就无压电效应。经外电场 E（$20\sim30$ kV/cm）极化后，"电畴"在外电场的作用下，其自发极化方向将转向外电场 E 的方向；撤去外电场 E 后，压电陶瓷内部仍保持一定的剩余极化强度，使极化后的陶瓷片两端出现束缚电荷，压电陶瓷相应表面吸附自由电荷（保持电中性）而使陶瓷成为压电材料，如图 4-6 和图 4-7 所示。

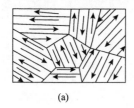 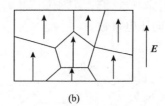 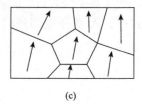

(a)　　　　　　　　　　(b)　　　　　　　　　　(c)

图 4-6　压电陶瓷中的电畴
(a) 未极化；(b) 正在极化；(c) 极化后

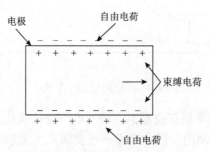

图 4-7　压电陶瓷片内的束缚电荷与电极上吸附的自由电荷示意图

当在极化后的压电陶瓷片上加一个与极化方向平行的外力时，压电陶瓷片将产生变形，从而使"电畴"发生偏转，陶瓷片的剩余极化强度也发生变化，导致束缚电荷变化，最终使表面吸附的自由电荷变化，形成充、放电现象。充、放电电荷的多少与外力的大小成比例，即 $Q=d_{33}F$，这就是压电效应。

常用的压电陶瓷有钛酸钡（$BaTiO_3$）、锆钛酸铅（PZT）、铌酸盐系压电陶瓷。

钛酸钡在室温下属于四方晶系的铁电性压电晶体。通常是把碳酸钡($BaCO_3$)和二氧化钛(TiO_2)按相等的物质的量(mol)混合成形后，在 1350℃左右的高温下烧结成陶瓷片。烧成后，在居里点附近用 2 kV/mm 的直流电场急速冷却，使陶瓷片极化。它的特点是压电系数高($d_{33}=191\times10^{-12}$ C/N)和价格便宜。主要缺点是使用温度低，只有 70℃左右。

锆钛酸铅系压电陶瓷是由钛酸铅($PbTiO_3$)和锆酸铅($PbZrO_3$)按 47∶53 的摩尔分子比组成的固溶体。它的压电性能大约是 $BaTiO_3$ 的 2 倍，特别是在-55～200℃内无晶相转变，已成为压电陶瓷研究的主要对象。其缺点是烧结过程中氧化铅(PbO)的挥发，因此难以获得致密的烧结体，其压电性能依赖于钛和锆的组成比，难以保证性能的一致性。克服的方法是置换原组成元素或添加微量杂质和使用热压法等。锆钛酸铅有良好的温度性能，是目前采用较多的一种压电材料。

铌酸盐系压电陶瓷是以铁电体铌酸钾($KNbO_3$)和铌酸铅($PbNb_2O_6$)为基础的压电陶瓷。铌酸钾和钛酸钡十分相似，但所有的转变都在较高温度下发生，在冷却时又发生同样的对称程序：立方、四方、斜方和菱形。居里点为 435℃。铌酸铅的特点是能经受接近居里点(570℃)的高温而不会极化，有大的 d_{33}/d_{31} 比值和非常低的机械品质因数 Q_M。铌酸钾特别适用于作 10～40 MHz 的高频换能器。近年来铌酸盐系压电陶瓷在水声传感器的应用方面受到重视。

压电陶瓷具有明显的**热释电效应**。该效应是指某些晶体除由机械应力的作用而引起的电极化(压电效应)外，还可由温度变化而产生电极化。用热释电系数来表示该效应的强弱，它是指温度每变化 1℃，在单位质量晶体表面上产生的电荷密度大小，单位为 $\mu C/(m^2 \cdot g \cdot ℃)$。在使用时应该注意热释电效应。

4.2　压电器件的结构及检测电路

4.2.1　压电晶片及其等效电路

通常多晶体压电陶瓷的灵敏度比压电单晶体要高。压电式传感器的压电元件是在两个工作面上蒸镀有金属膜的压电晶片，金属膜构成两个电极，如图 4-8(a)所示。当压电晶片受到力的作用时，便有电荷聚集在两极上，一面为正电荷，另一面为等量负电荷。这种情况和电容器十分相似，所不同的是晶片表面上的电荷会随着时间的推移逐渐漏掉，因为压电晶片材料的绝缘电阻(也称漏电阻)虽然很大，但毕竟不是无穷大。从信号变换角度来看，压电元件相当于一个电荷发生器；从结构上看，它又是一个电容器，因此通常将压电元件等效为一个电荷源与电容相并联的电路，如图 4-8(b)所示。其中 $e_a=Q/C_a$。式中，e_a 为压电晶片受力后所呈现的电压，也称为极板上的开路电压；Q 为压电晶片表面上的电荷；C_a 为压电晶片的电容。

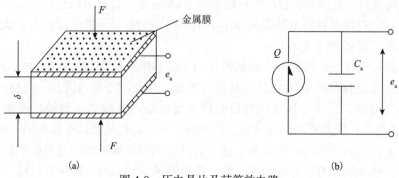

图 4-8　压电晶片及其等效电路

实际的压电式传感器中，往往用两片或两片以上的压电晶片进行并联或串联。压电晶片并联时如图 4-9(a)所示，两晶片正极集中在中间极板上，负极在两侧的电极上，因而电容量大、输出电荷量大、时间常数大，宜于测量缓变信号并以电荷量作为输出。串联接法如图 4-9(b)所示，其输出电压大、电容小，适宜用于以**电压**作为输出信号并且测量电路输入阻抗很高的情况。

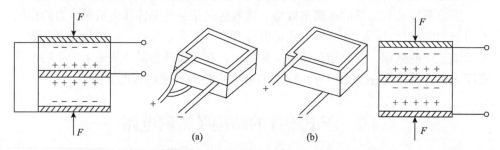

图 4-9　叠式压电片的并联和串联

首先压电元件在传感器中必须有一定的**预应力**，以保证当作用力变化时，压电元件始终受到压力；其次是保证压电元件与作用力之间的全面均匀接触，获得输出电压(或电荷)与作用力的线性关系，但是预应力不能太大，否则将会影响其灵敏度。

4.2.2　传感器的结构和等效模型

本小节以压缩式压电加速度传感器为例，介绍传感器的结构和等效模型。压缩式压电加速度传感器是常用的加速度传感器。

压缩式压电加速度传感器的结构原理和简化模型如图 4-10 所示。传感器由惯性质量块、压电片、弹簧、壳体等组成，其实质上是一个惯性力传感器。两片压电片采用并联接法，将一根引线接至两压电片中间的金属片电极上，另一根直接与基座相连。在压电片上放有质量块，用一段弹簧和螺栓、螺帽对质量块预加载荷，从而对压电片施加预应力。整个组件装在一个厚基座的金属壳体中，为了隔离试件的任何应变传递到压电元件上去，避免产生虚假信号输出，所以一般要加厚基座或选用刚度较大的材料来制造。当壳体随被测振动体一起振动时，作用在压电晶体上的力 $F=ma$。当质量 m 一定时，压电片上产生的电荷与加速度 a 成正比。

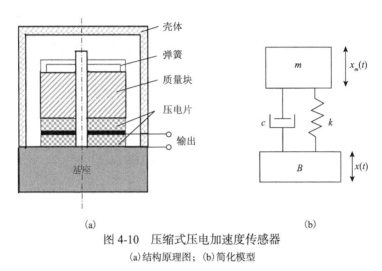

图 4-10　压缩式压电加速度传感器
(a)结构原理图；(b)简化模型

　　测量时，将传感器基座与试件固定在一起，传感器与试件感受相同的振动。由于弹簧的作用，质量块就有一正比于加速度的交变惯性力作用在压电片上，由于压电效应，压电片的两个表面上就产生交变电荷。当振动频率远低于传感器的固有频率时，传感器的输出电荷(电压)与作用力成正比，即与试件的加速度成正比。输出电量由传感器的输出端引出，输入到前置放大器后就可以用普通的测量仪器测出试件的加速度。如果在放大器中加进适当的积分电路，就可以测出试件的振动速度或位移。

　　压电式传感器的灵敏度有两种表示方法，当它与电荷放大器配合使用时，用电荷灵敏度 $K_q(\text{C}\cdot\text{s}^2/\text{m})$ 表示；当它与电压放大器配合使用时，用电压灵敏度 $K_u(\text{V}\cdot\text{s}^2/\text{m})$ 表示。其一般表达式为

$$K_q = Q/a \tag{4-12}$$

$$K_u = U_a/a \tag{4-13}$$

式中，Q 为压电式传感器输出电荷量(C)；U_a 为传感器的开路电压(V)；a 为被测加速度(m/s^2)。

因为 $U_a=Q/C_a$，所以有

$$K_q = K_u C_a \qquad (4\text{-}14)$$

压电加速度传感器可以简化成由集中质量 m、集中弹簧 k 和阻尼器 c 组成的二阶单自由度系统，如图 4-10(b)所示。因此，当传感器感受到振动体的加速度时，可以列出其运动方程

$$m\frac{\mathrm{d}^2 x_m}{\mathrm{d}t^2} + c\frac{\mathrm{d}(x_m - x)}{\mathrm{d}t} + k(x_m - x) = 0 \qquad (4\text{-}15)$$

式中，x 为振动体的绝对位移；x_m 为质量块的绝对位移。

经计算可得到压电加速度传感器灵敏度与频率的关系为

$$\frac{Q}{\ddot{x}} = \frac{d \cdot k_y / \omega_n^2}{\sqrt{\left[1-(\omega/\omega_n)^2\right]^2 + 4\zeta^2(\omega/\omega_n)^2}} \qquad (4\text{-}16)$$

式中，d 和 k_y 分别为压电元件的压电系数和弹性系数；ω 为振动角频率；ω_n 为传感器的固有角频率，$\omega_n = \sqrt{k/m}$；$\zeta = c/2\sqrt{km}$；$\ddot{x} = \dfrac{\mathrm{d}^2 x}{\mathrm{d}t^2}$，为振动体的加速度。

在 ω/ω_n 相对小的范围内，有

$$\frac{Q}{\ddot{x}} = d \cdot k_y / \omega_n^2 \qquad (4\text{-}17)$$

由式(4-17)可知，当传感器的固有频率远大于振动体的振动频率时，传感器的电荷灵敏度 $K_q=Q/\ddot{x}$ 近似为一常数。从频响特性也可清楚地看到，在这一频率范围内，灵敏度基本上不随频率而变化。这一频率范围就是传感器的理想工作范围。

与电荷放大器配合使用时，传感器的低频响应受电荷放大器的 3 dB 下限截止频率 $f_L=1/2\pi R_f C_f$ 的限制，而一般电荷放大器的 f_L 可低至 0.3 Hz，甚至更低。因此当压电式传感器与电荷放大器配合使用时，低频响应是很好的，可以测量接近静态变化非常缓慢的物理量。

压电式传感器的高频响应特别好，只要放大器的高频截止频率远高于传感器自身的固有频率，那么传感器的高频响应完全由自身的机械问题决定，放大器的通频带要做到 100 kHz 以上是并不困难的，因此压电式传感器的高频响应只需考虑传感器的固有频率。

实际测量的振动频率上限 $\omega_{max}=(1/5\sim1/3)\omega_n$。由于传感器的固有频率相当高

（一般可达 30 kHz，甚至更高），因此，它的测量频率上限仍可达几千赫，甚至达十几千赫。

4.2.3　压电式传感器的信号调理电路

压电式传感器本身的内阻很高$(R_a \geqslant 10^{10}\ \Omega)$，而输出的能量信号又非常微弱，因此它的信号调理电路通常需要一个高输入阻抗的**前置放大器**。

压电式传感器的输出信号很弱，必须进行放大，压电式传感器所配接的放大器有两种结构形式：一种是带电阻反馈的电压放大器，其输出电压与输入电压(即传感器的输出电压)成正比；另一种是带电容反馈的电荷放大器，其输出电压与输入电荷量成正比。

1. 电压放大器

图 4-11 是压电式传感器的电压放大器电路及其等效电路。在图 4-11(b)中，等效电阻 R 为

$$R = R_a R_i / (R_a + R_i) \tag{4-18}$$

等效电容 C 为

$$C = C_c + C_i \tag{4-19}$$

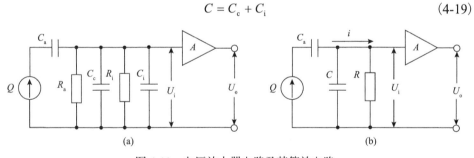

图 4-11　电压放大器电路及其等效电路

(a)等效电路原理图；(b)简化电路

如果压电元件受到交变正弦力 $\dot{F} = F_m \sin \omega t$ 的作用，则在压电陶瓷元件上产生的电压值为

$$U_a = \frac{Q}{C_a} = \frac{d_{33}F_m}{C_a}\sin \omega t = U_{am}\sin \omega t \tag{4-20}$$

式中，U_{am} 为压电元件输出电压的幅值，$U_{am} = d_{33}F_{am}/C_a$。

由图 4-11(b)可见，送入放大器输入端的电压为 U_i，把它写成复数形式，则得到

$$\dot{U}_i = d_{33}\dot{F}\frac{\mathrm{j}\omega R}{1 + \mathrm{j}\omega R(C_a + C)} \tag{4-21}$$

从上式可得前置放大器输入电压 U_i 的幅值 U_{im} 为

$$U_{im} = \frac{d_{33}F_m\omega R}{\sqrt{1 + (\omega R)^2(C_a + C_c + C_i)^2}} \tag{4-22}$$

输入电压 U_i 与作用力 $\dot{F}$ 之间的相位差 φ 为

$$\varphi = \frac{\pi}{2} - \arctan\left[\omega(C_a + C_c + C_i)R\right] \tag{4-23}$$

传感器的电压灵敏度为

$$K_u = \frac{U_{im}}{F_m} = \frac{d_{33}\omega R}{\sqrt{1 + (\omega R)^2(C_a + C_c + C_i)^2}} \tag{4-24}$$

由此得到电压幅值比和相角与频率比的关系曲线，如图 4-12 所示。

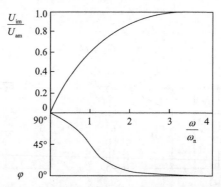

图 4-12　电压幅值比和相角与频率比的关系曲线

讨论：

1)当 $\omega = 0$ 时，$U_i = 0$，连接电压放大器的压电式传感器不能测静态量。

2)高频响应，当 $\omega/\omega_n \gg 1$，即 $\omega\tau \gg 1$，一般当 $\omega/\omega_n \geqslant 3$ 时，$U_{im} = U_{am}$ 可近似看作输入电压与作用力的频率无关，$K(\omega) \to 1$，这说明连接电压放大器的压电式传感器的高频响应相当好，这是该传感器的一个突出优点。

3)连接电压放大器的压电式传感器电压灵敏度受电容影响，即电缆长度对传感器测量精度的影响较大。当电缆长度改变时，C_c 也将改变，因而放大器的输入电压 U_{im} 也随之变化，进而使前置放大器的输出电压改变。因此，压电式传感器

与前置放大器之间的连接电缆不能随意更换。如有变化，必须重新校正其灵敏度，否则将引入测量误差。

解决电缆问题的办法是将放大器装入传感器之中，组成一体化传感器。

2. 电荷放大器

电荷放大器的作用是将高内阻($10^{10}\sim10^{12}$ Ω)的电荷源转变为低内阻($r<100$ Ω)的电压源，它实际上是一种具有深度电容负反馈的高增益放大器，其等效电路如图 4-13 所示。

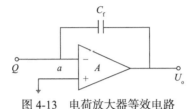

图 4-13　电荷放大器等效电路

放大器的输出电压

$$U_{\mathrm{o}} \approx u_{C_{\mathrm{f}}} = -Q / C_{\mathrm{f}} \tag{4-25}$$

式中，U_{o} 为放大器输出电压；$u_{C_{\mathrm{f}}}$ 为反馈电容两端电压。

由式(4-25)可知，电荷放大器的输出电压只与输入电荷量和反馈电容有关，而与放大器的放大系数的变化或电缆电容(C_{c})等均无关，因此只要保持反馈电容的数值不变，就可以得到与电荷量 Q 变化呈线性关系的输出电压。此外还可以看出，反馈电容 C_{f} 小，输出就大，因此要达到一定的输出灵敏度要求，必须选择适当容量的反馈电容。

要使输出电压与电缆电容无关是有一定条件的。图 4-14 是压电式传感器与电荷放大器连接的等效电路(视压电元件泄漏电阻 R_{a} 和放大器输入电阻 R_{i} 很大，已略去其电路作用)。

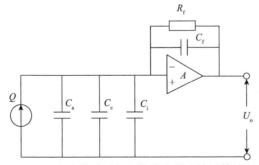

图 4-14　压电式传感器与电荷放大器连接的等效电路

由"虚地"原理可知，反馈电容 Cf 折合到放大器输入端的有效电容 C_f' 为

$$C_f' = (1 + A)C_f$$

设放大器输入电容为 C_i，传感器内部电容为 C_a，电缆电容为 C_c，则放大器的输出电压为

$$U_0 = \frac{-AQ}{C_a + C_c + C_i + (1+A)C_f} \qquad (4\text{-}26)$$

当 $(1+A)C_f \gg (C_a + C_c + C_i)$ 时，放大器的输出电压为

$$U_0 \approx -Q / C_f \qquad (4\text{-}27)$$

当 $(1+A)C_f > 10(C_a+C_c+C_i)$ 时，传感器的输出灵敏度就可以认为与电缆电容无关了。这是使用电荷放大器最突出的一个优点。当然，在实际使用中，传感器与测量仪器总有一定的距离，在它们之间由长电缆连接，由于电缆噪声增加，降低了信噪比，使低电平振动的测量受到一定程度的限制。

4.3　压电式传感器实验

1. 实验目的

掌握压电式传感器的原理和相应的放大电路及其测量方法。

2. 实验器材

浙江高联传感实验系统主机箱±15 V 直流稳压电源、低频振荡器；压电式传感器、压电式传感器实验模板、移相器/相敏检波器/滤波器模板；振动源、双踪示波器；游标卡尺。

3. 实验内容与步骤

1) 将压电式传感器安装在振动源模块的振动台面上 (与振动台面中心的磁钢吸合)，主机箱中的低频振荡器输出接入振动源的低频输入，压电式传感器两引线接入电荷放大器的输入端；电荷放大器的输出 V_{o1} 接入固定放大器 (二级放大器) 的输入端；固定放大器的输出 V_{o2} 接入低通滤波器的输入端；低通滤波的输出信号用示波器监测。所有模块都正确接好电源接线。

2) 将主机箱上的低频振荡器幅度旋钮逆时针转到底 (低频输出幅度为 0)，调

节低频振荡器的频率在 6~8 Hz。检查接线无误后合上主机箱电源开关。再调节低频振荡器的幅度使振动台明显振动(如振动不明显可调频率),并设法估读振动台的振幅。

3)用示波器的两个通道[正确选择双踪示波器的"触发"方式及其他 (TIME/DIV:在 20~50 ms 内选择;VOLTS/DIV:0.05~0.5V 内选择)设置]同时观察低通滤波器输入端和输出端波形;在振动台正常振动时用手指敲击振动台同时观察输出波形变化。波形稳定后,记录低通滤波器输出信号的频率和幅值。

4)已知二级放大倍数约为 7 倍,电荷放大器的反馈电容为 1 nF。根据 2)、3)的测试结果估算传感器在该频率时的电荷灵敏度[提示:根据示波器测试结果可以计算出 Q_{max},根据估读的振动台的振幅和已知频率可以算出 a_{max},然后可用式 (4-12)计算电荷灵敏度]。

5)改变低频振荡器的频率(调节主机箱低频振荡器的频率至 10 Hz 左右),观察输出波形变化。重复实验步骤 2)、3)、4)。

6)改变低频振荡器的频率(调节主机箱低频振荡器的频率至 4 Hz 左右),观察输出波形变化。重复实验步骤 2)、3)、4)。实验完毕,关闭电源。

7)根据计算结果判断传感器的电荷灵敏度与频率之间的关系。

第5章 霍尔传感器原理及实验

人们根据霍尔效应用半导体材料制成的元件叫霍尔元件(Hall sensor)。它具有对磁场敏感、结构简单、体积小、频率响应宽、输出电压变化大和使用寿命长等优点，因此在测量、自动化、计算机和信息技术等领域得到了广泛的应用。

霍尔传感器分为线性霍尔传感器和开关霍尔传感器两种。开关霍尔传感器由稳压器、霍尔元件、差动放大器、施密特触发器和输出级组成，它输出数字量。线性霍尔传感器由霍尔元件、线性放大器和射极跟随器组成，它输出模拟量。

5.1 霍尔效应和线性霍尔传感器结构

5.1.1 霍尔效应

当把一块金属或半导体薄片垂直放在磁感应强度为 B 的磁场中，沿着垂直于磁场的方向通以电流 I，就会在薄片的另一对侧面间产生电势 U_H，如图 5-1 所示。这种现象称为**霍尔效应**，所产生的电势称为**霍尔电势**，这种薄片(一般为半导体)称为**霍尔片**或**霍尔元件**。

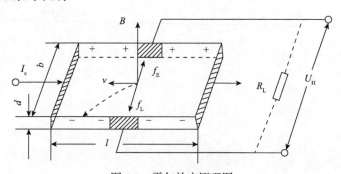

图 5-1　霍尔效应原理图

当电流 I 通过霍尔片时，设载流子为带负电的电子，则电子沿电流相反方向运动，令其平均速度为 v。在磁场 B 中运动的电子将受到洛伦兹力 f_L，即

$$f_L = evB \tag{5-1}$$

式中，e 为电子所带电荷量；v 为电子运动速度；B 为磁感应强度。

运动电子在洛伦兹力 f_L 的作用下，以抛物线形式偏转至霍尔片的一侧，并使该侧形成电子积累，同时使其相对一侧形成正电荷积累，于是建立起一个霍尔电场 E_H。该电场对随后的运动电子施加一电场力 f_E，即

$$f_E = eE_H = eU_H / b \tag{5-2}$$

式中，b 为霍尔片的宽度；U_H 为霍尔电势。

平衡时，$f_L = f_E$，即

$$evB = eU_H / b \tag{5-3}$$

由于电流密度 $J = -nev$，则电流强度为

$$I = -nevbd \tag{5-4}$$

所以

$$U_H = \frac{IB}{ned} = R_H \cdot \frac{IB}{d} = K_H IB \tag{5-5}$$

式中，d 为霍尔片厚度；$R_H = 1/ne$ 为霍尔系数；$K_H = R_H/d = 1/ned$ 为霍尔灵敏度。

从式 (5-3) 可知，霍尔电势 U_H 与载流子的运动速度 v 有关，即与载流子的迁移率 μ 有关。由于 $\mu = v/E_1$（E_1 为电流方向上的电场强度），材料的电阻率 $\rho = 1/ne\mu$，所以霍尔系数 R_H 与载流体材料的电阻率 ρ 和载流子的迁移率 μ 的关系为

$$R_H = \rho\mu \tag{5-6}$$

金属导体：μ 大，但 ρ 小（n 大）；

绝缘体：ρ 大（n 小），但 μ 小，不宜作霍尔元件；

半导体：ρ、μ 适中，适宜作霍尔元件。

霍尔电势 U_H 还与元件的几何尺寸有关：$K_H = 1/ned$，厚度 d 越小越好，一般 $d = 0.01$ mm；当宽度 b 增加，或长宽比 (l/b) 减小时，将会使 U_H 下降，应加以修正：

$$U_H = R_H \frac{IB}{d} f(l/b)$$

式中，$f(l/b)$ 为形状效应系数。一般取 $l/b = 2 \sim 2.5 [f(l/b) \approx 1]$ 就足够了。

5.1.2　基本霍尔传感器结构

1. 位移测量结构

如图 5-2(a)所示，将两块永久磁铁的相同极性相对放置，将线性霍尔元件或集成霍尔器件置于其中间，其磁感应强度为 0，这个位置可以作为位移的零点。当霍尔器件在 Z 轴方向有位移ΔZ时，霍尔器件有一电压 U_H 输出，其输出特性如图 5-2(b)所示。只要测出 U_H 值，即可得到位移的数值。位移传感器的灵敏度与两块磁铁间距离有关，距离越小，灵敏度越高。一般要求其磁场梯度大于 0.03 T/mm，这种位移传感器的分辨率优于 10^{-6} m。如果浮力、压力等参数的变化能转化为位移的变化，便可测出液位、压力等参数。

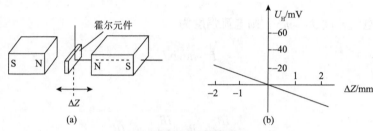

图 5-2　霍尔位移测量
(a)结构图；(b)输出特性

2. 力(压力)测量

如图 5-3 所示，当力 F 作用在悬臂梁上时，梁发生变形，霍尔器件产生与力成正比的电压输出，通过测试电压即可测出力的大小。当电压输出与力偏离线性时，可采用电路或单片机软件来补偿。

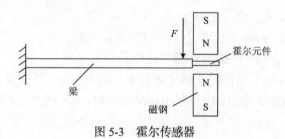

图 5-3　霍尔传感器

3. 霍尔加速度传感器

霍尔加速度传感器的结构原理如图 5-4 所示。这种加速度传感器在 $(-14\sim+14)\times$

10^2 m/s^2 内，其输出霍尔电势 U_H 与加速度 a 之间有较好的线性关系，如图 5-4(b)所示。

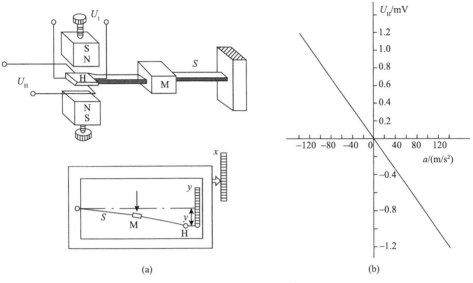

(a)　　　　　　　　　　　　(b)

图 5-4　霍尔加速度传感器的结构原理

5.1.3　霍尔元件的应用电路

1. 基本应用电路

图 5-5 为霍尔元件的基本应用电路。控制电流 I_c 由电源 E 供给，调节 R_A 控制电流 I_c 的大小，霍尔元件输出接负载电阻 R_L，R_L 可以是放大器的输入电阻或测量仪表的内阻。由于霍尔元件必须在磁场 B 与控制电流 I_c 的作用下才会产生霍尔电势 U_H，所以在实际应用中，可以把 I_c 和 B 的乘积、I_c、B 作为输入信号，则霍尔元件的输出电势分别正比于 I_cB、I_c、B。通过霍尔元件的电流 I_c 为

$$I_c = E/(R_A + R_B + R_H)$$

则

$$R_A + R_B = (E - I_cR_H)/I_c$$

若 I_c=5 mA，R_H=200 Ω，E=12 V，则可求得

$$R_A + R_B = \frac{12 - 5 \times 10^{-3} \times 200}{5 \times 10^{-3}} = 2200 \ \Omega$$

由于霍尔元件的电阻 R_H 是变化的,会引起电流变化,这可能使霍尔电势失真。为此,外接电阻 (R_A+R_B) 要大于 R_H,这样可以抑制 I_c 电流的变化。

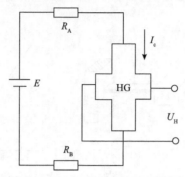

图 5-5　霍尔元件的基本应用电路

2. 霍尔元件的驱动方式

霍尔元件的控制电流可以采用恒流驱动或恒压驱动,如图 5-6 所示。其特点如下:

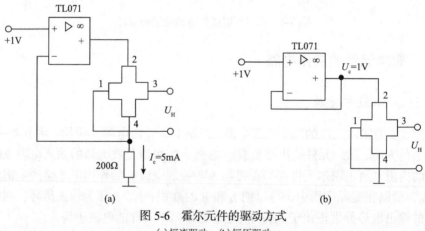

图 5-6　霍尔元件的驱动方式
(a)恒流驱动; (b)恒压驱动

1)对以 GaAs 或 Ge 为材料的霍尔元件采用恒流驱动时,其温度影响小;但对 InSb 霍尔元件来说,采用恒压驱动时,温度影响小。

2)当电流恒定时,磁场强度增加,元件的电阻也随之增加(磁阻效应)。若采用恒流驱动,元件的电阻大小与 I_c 大小无关,所以线性度好;而采用恒压驱动,随着磁场强度增加,线性度会变差。

霍尔元件的恒压驱动特性与恒流驱动特性正相反,两者各有优缺点,因此要根据工作的要求来确定驱动方式。

3. 霍尔元件的连接方式

霍尔元件除基本应用电路外，如果要获得较大的霍尔输出电势，可以采用几片叠加的连接方式。如图 5-7(a)所示，直流供电情况，输出电势 U_H 为单片的两倍。图 5-7(b)为交流供电情况，控制电流端串联，各元件输出端接输出变压器 B 的初级绕组，变压器的次级便有霍尔电势信号叠加值输出。

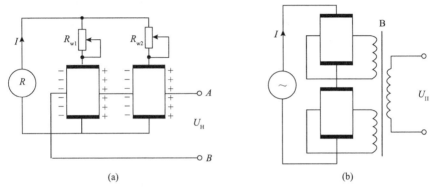

图 5-7　霍尔元件叠加连接方式

(a)直流供电；(b)交流供电

4. 霍尔电势的输出电路

霍尔元件是一种四端器件，本身不带放大器。霍尔电势一般在毫伏数量级，在实际使用时，必须加差动放大器。霍尔元件大体分为线性应用和开关应用两种使用方式，因此输出电路有两种结构，如图 5-8 所示。霍尔元件有四个引线端。涂黑的两端是电源输入激励端，另外两端是输出端。接线时，电源输入激励端与输出端千万不能颠倒，否则霍尔元件就会损坏。

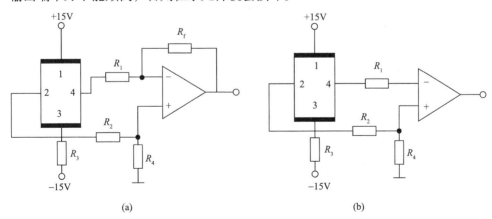

图 5-8　GaAs 霍尔元件的输出电路

(a)线性应用；(b)开关应用

　　所谓线性应用，是指输出的电压与磁场呈线性关系，可用输出电压衡量磁场的大小和方向。所谓开关应用，通常是指当磁场高于某临界磁场时，器件输出高电平；当磁场低于另一临界值时，器件输出低电平，如图 5-9 所示，图(a)为一般的开关输出，图(b)为"锁定型"开关输出。霍尔元件的开关应用电路也称为霍尔开关。B_{OP} 为工作点"开"的磁场强度，B_{RP} 为释放点"关"的磁场强度。对"锁定型"器件，当磁场强度超过工作点"开"时，其输出导通；而在撤销磁场后，其输出状态保持不变，必须施加反向磁场并使之超过释放点，才能使其关断，其工作特性如图 5-9(b)所示。

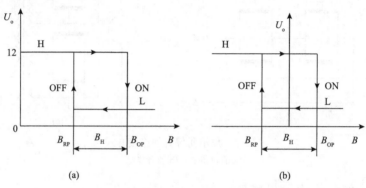

图 5-9　霍尔开关的工作特性示意图

5. 零位误差及其补偿

　　霍尔元件的零位误差主要有不等位电势 U_{00} 和寄生直流电势 U_{0D} 等。

　　不等位电势 U_{00} 是霍尔误差中最主要的一种。由于制造工艺不可能保证两个霍尔电极绝对对称地焊在霍尔片的两侧，所以两电极点不能完全位于同一等势面上，产生 U_{00}；此外，霍尔片的电阻率不均匀、片厚薄不均匀、控制电流极接触不良将使等势面歪斜，致使两霍尔电极不在同一等势面上而产生不等位电势，如图 5-10(a)所示。

　　除工艺上采取措施降低不等位电势 U_{00} 外，还需采用补偿电路加以补偿。霍尔元件可等效为一个四臂电桥，如图 5-10(b)所示，当两霍尔电极在同一等势面上时，$r_1=r_2=r_3=r_4$，则电桥平衡，$U_{00}=0$；当两电极不在同一等势面上时(如 $r_3>r_4$)，则 U_{00} 输出不为 0。可以采用如图 5-10(c)～(e)所示方法进行补偿，外接电阻 R 值应大于霍尔元件的内阻，调整 R_P 可使 $U_{00}=0$。改变工作电流方向，取其霍尔电势平均值，或采用交流供电也可以。交流激励时，霍尔传感器与直流激励一样，其基本工作原理相同，但测量电路有所不同，要使用相敏检波等相关电路。

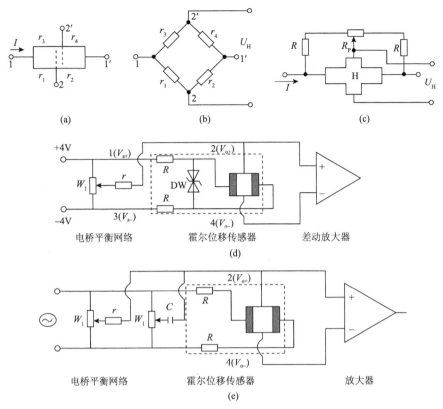

图 5-10　不等位电势补偿电路

(a)不等位电路；(b)等效电路；(c)补偿电路；(d)直流电桥平衡网络补偿；(e)交流电桥平衡网络补偿

5.2　霍尔传感器基础实验

1. 实验目的

掌握霍尔传感器的工作原理和输出特性及其应用。

2. 需用器件与单元

浙江高联传感实验系统主机箱中的±2～±10 V(步进可调)直流稳压电源、±15 V 直流稳压电源、电压表；霍尔传感器实验模板、霍尔传感器、测微头。

3. 实验内容和步骤

1) 调节测微头的微分筒(0.01 mm/每小格)，使微分筒的 0 刻度线对准轴套的 10 mm 刻度线。将霍尔传感器和测微头正确安装在霍尔传感器实验模板上，并将霍尔传感器的航空插头引线接入实验模板的航空插座；按图 5-10(d)接好补偿电路，要特别注意电桥的驱动电压为±4 V，即将±2～±10 V(步进可调)直流稳压电源调节到±4 V 挡，不要搞错；将放大器输出接入主机箱上的电压表，将电压表量程切换开关打到 2 V 挡。

2)接好模板的电源接线，检查接线无误后，开启主机箱电源，松开安装测微头的紧固螺钉，移动测微头的安装套，当传感器的 PCB 板(霍尔元件)处在两圆形磁钢的中点位置(目测)时，拧紧紧固螺钉。再调节 R_{w1} 使电压表显示为 0 。

3)测位移使用测微头时，在来回调节微分筒使测杆产生位移的过程中存在机械回程差，为消除这种机械回程差可用单行程位移方法实验：顺时针调节测微头的微分筒 4 周，然后逆时针回调半周，以此作为位移起点，记录测微头读数和电压表读数。之后，逆时针方向调节测微头的微分筒(0.01 mm/每小格)，每隔 ΔX=0.1 mm 从电压表上读出输出电压 V_o 值，记录测微头读数和电压表读数，填入自行设计的表格中。注意，测微头记录数据的总行程跨度需达到 3.50 mm。

4)将图 5-10(d)电桥平衡网络的驱动电压反接，即原+4 V 处接–4 V，原–4 V 处接+4 V。再完成步骤 3)，即将测微头调至步骤 3)对应位置再记录电压表的读数。实验完毕，关闭电源。

5)根据所测数据做出 V-X 实验曲线，分析曲线在不同测量范围(±0.5 mm、±1 mm、±1.5 mm)时的灵敏度和非线性误差，并根据 3)、4)的测量结果判断器件的零位误差。

5.3　交流激励线性霍尔传感器实验

1. 实验目的

掌握交流激励线性霍尔传感器的实验方法及其测试电路和输出特性。

2. 需用器件与单元

浙江高联传感实验系统主机箱中的±2～±10 V(步进可调)直流稳压电源、±15 V 直流稳压电源、音频振荡器、电压表；测微头、霍尔传感器、霍尔传感器实验模板、移相器/相敏检波器/低通滤波器模板、双踪示波器。

3. 实验步骤

1)相敏检波器电路调试：将主机箱的音频振荡器的幅度调到最小(幅度旋钮逆时针轻轻转到底)，将 L_v 输出接入相敏检波器信号输入端，同时接入双踪示波器的 CH1；将±2～±10 V 可调电源调节到±2 V 挡，将-V_{out}接入相敏检波器的 DC 参考端；将相敏检波器的信号输出接入双踪示波器的 CH2。接上模板的电源接线，检查接线无误后合上主机箱电源开关，调节音频振荡器频率 f=1 kHz，峰-峰值 V_{p-p}=5 V(用示波器测量。提示：正确选择双踪示波器的"触发"方式及其他设置，触发源选择内触发 CH1、水平扫描速度 TIME/DIV 在 0.01～0.1 ms 内选择、触发方式选择 AUTO；垂直显示方式为双踪显示 DUAL、垂直输入耦合方式选择直流耦合 DC、灵敏度 VOLTS/DIV 在 1～5 V 内选择。当 CH1、CH2 输入对地短接时移动光迹线居中后再测量波形)。调节相敏检波器的电位器钮使示波器显示幅值相等、相位相反的两个波形。到此，相敏检波器电路已调试完毕，之后不要再触碰这个电位器钮。关闭电源。

2)调节测微头的微分筒(0.01 mm/每小格)，使微分筒的 0 刻度线对准轴套的 10 mm 刻度线。将霍尔传感器和测微头正确安装在霍尔传感器实验模板上，并将霍尔传感器的航空插头引线接入实验模板的航空插座；按图 5-10(e)接好补偿电路，电桥平衡网络用 1 kHz 的音频振荡信号驱动，将音频驱动信号接入移相器的输入端，同时接入双踪示波器的 CH1。

将移相器的输出信号接入相敏检波器的交流参考端；霍尔器件放大后的输出信号接入相敏检波器的信号输入端；相敏检波器的信号接入低通滤波器的输入端，同时接入双踪示波器的 CH2；低通滤波器的输出接电压表。各模板均接上相应电源接线。将主机箱上的电压表量程切换开关打到 2 V 挡，检查接线无误后合上主机箱电源开关。

3)松开测微头安装孔上的紧固螺钉。顺着传感器的位移方向移动测微头的安装套(左、右方向都可以)，当传感器的 PCB 板明显偏离两圆形磁钢的中点位置(目测)时，再调节移相器的移相电位器使相敏检波器输出为全波整流波形(示波器 CH2 的灵敏度 VOLTS/DIV 在 0.05～1 V 内选择监测，此时相敏检波器的参考信号与输入信号同相或反相)。再仔细移动测微头的安装套，使相敏检波器输出波形幅值尽量为最小(尽量使传感器的 PCB 板处在两圆形磁钢的中点位置)并拧紧测微头安装孔的紧固螺钉。再仔细交替地调节实验模板上的电位器 R_{w1}、R_{w2}，使示波器 CH2 显示相敏检波器输出波形基本上为一直线，并且电压表显示为 0(示波器与电压表两者兼顾，但以电压表显示 0 为准)。

4)测位移使用测微头时，在来回调节微分筒使测杆产生位移的过程中本身存在机械回程差，为消除这种机械回程差可用单行程位移方法实验：顺时针调节测微头的微分筒 4 周，然后逆时针回调半周，以此作为位移起点，记录测微头读数和电压表读数。之后，逆时针方向调节测微头的微分筒(0.01 mm/每小格)，每隔 ΔX=0.1 mm 从电压表上读出输出电压 V_o值，记录测微头读数和电压表读数，填入自行设计的表格中。注意，测微头记录数据的总行程跨度需达到 3.50 mm。

5) 拔出电桥平衡网络接线，再完成步骤 4)，即将测微头调至步骤 4)对应位置再记录电压表的读数。实验完毕，关闭电源。

6) 根据所测数据做出 *V-X* 实验曲线，分析曲线在不同测量范围(±0.5 mm、±1 mm、±1.5 mm)时的灵敏度和非线性误差，并根据 4)、5)的测量结果比较电桥平衡网络的作用。

5.4　开关霍尔传感器实验

1. 实验目的

掌握开关霍尔传感器的工作原理和输出特性及其应用。

2. 需用器件与单元

浙江高联传感实验系统主机箱中的转速调节 0~24 V 直流稳压电源、+5 V 直流稳压电源、电压表、频率/转速表；特斯拉计、霍尔转速传感器、转动源、示波器、游标卡尺。

3. 实验步骤

1) 将开关霍尔传感器安装于霍尔架上，传感器的端面对准转盘上的磁钢并调节升降杆使传感器端面与磁钢之间的间隙为 2~3 mm，如图 5-11 所示。

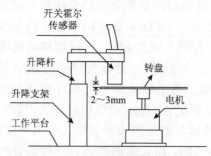

图 5-11　开关霍尔传感器安装示意图

2) 将主机箱中的转速调节电源 0~24 V 旋钮调到最小(逆时针方向转到底)后接入电压表(电压表量程切换开关打到 20 V 挡)，并接至转动电源驱动；开关霍尔传感器的引线 1 为驱动电源线，接+5 V 电源接线；引线 3 为地线，引线 2 为信号输出线，分别接入频率/转速表的信号输入端，然后接入示波器的任意输入端。将频率/转速表的开关按到转速挡。

3)检查接线无误后合上主机箱电源开关,在小于 12 V 范围内从 2 V 开始逐渐增加转动电源驱动电压,转盘开始转动后(电压表监测)调节主机箱的转速调节电源(调节电压改变直流电机电枢驱动电压),每增加 0.5 V,观察电机转动及频率/转速表的显示情况,并用示波器观察开关霍尔传感器输出信号的波形,待读数稳定后,记下电压读数和转速,读出霍尔器件高、低电平的电压值。根据所记录的电压表读数和转速,做出电机的 $V\text{-}n$(电机电枢驱动电压与电机转速的关系)特性曲线。

4)关闭电源后,拔出转动电源接线。手动将转盘上其中一磁钢转至开关霍尔传感器正下方。打开电源,上下移动升降杆(即改变开关霍尔传感器与磁钢的距离),观察示波器输出信号的变化。移动升降杆,使开关霍尔传感器下表面与磁钢距离约为 1 mm,读出示波器输入信号电压值。

5)移动升降杆,使开关霍尔传感器向上远离磁钢,同时观察示波器输入信号的变化,记下当示波器产生信号突变(通常是由低电平变为高电平)时,开关霍尔传感器下端面与磁钢的距离 X_{RP};继续将开关霍尔传感器上移 3 mm 后,下移升降杆使开关霍尔传感器逐渐靠近磁钢,同时观察示波器输入信号的变化,记下当示波器产生信号突变(通常是由高电平变为低电平)时,开关霍尔传感器下端面与磁钢的距离 X_{OP}。用特斯拉计测出距磁钢表面 X_{RP} 处的磁感应强度 B_{RP} 和距磁钢表面 X_{OP} 处的磁感应强度 B_{OP}。

6)重复过程 5)四次,然后取平均值。根据测量数据做出开关霍尔传感器的输出特性曲线。

第6章 接触式热电传感器原理及实验

温度是表征物体冷热程度的物理量,它反映物体内部各分子运动的平均动能的大小,因此可以利用物体的某些物理性质(电阻、电势等)随温度变化的特征进行测量。热电式传感器(thermoelectric transducer)是将温度变化转换为电量变化的装置,它利用某些材料或元件随温度变化的特性测量物体的温度。热电式传感器通常可分为接触式和非接触式。非接触式是利用红外辐射测温,相应的原理及实验我们将在下一章介绍。本章介绍接触式热电传感器原理及实验。

常用接触式热电传感器通常可分为热电阻、热电偶和 PN 结型温度传感器。热电阻又分为金属热敏电阻和半导体热敏电阻。

6.1 热 敏 电 阻

热电阻(thermal resistor)是中低温区最常用的一种温度检测器。热电阻测温是基于金属导体或半导体的电阻值随温度的变化而变化这一特性来进行温度测量的。金属热敏电阻的主要特点是测量精度高、性能稳定。其中铂热电阻的测量精度是最高的,它不仅广泛应用于工业测温,而且被制成标准的基准仪。热电阻大都由纯金属材料制成,目前应用最多的是铂和铜,此外,现在已开始采用镍、铁、锰和铑等材料制造热电阻。半导体热敏电阻分正温度系数(PTC)、负温度系数(NTC)和临界温度系数(CTR)三类热敏电阻。本节主要讨论金属热敏电阻。

6.1.1 金属热敏电阻的原理和特性

大多数金属导体的电阻都随温度而变化,我们把这种效应称为电阻的温度效应或热敏电阻效应。通常温度升高,金属原子形成的晶格振动加剧,对传导电子的散射加剧,从而使电阻增大。电阻-温度特性方程可表示为

$$R_t = R_0 (1 + \alpha t + \beta t^2 + \cdots) \tag{6-1}$$

式中,R_0 为温度是 0℃时的电阻;α 为温度电阻线性系数,比如对于金属铂,其值为 $3.9684 \times 10^{-3}/℃$;β 为温度电阻二次系数,对于金属铂,其值为 $-5.847 \times 10^{-7}/℃$。

为了保证感温元件的稳定性,一般都用纯金属材料制作热敏电阻。常用的材料有金属铂和铜。

1. 铂热电阻(WZP)

铂热电阻是利用铂丝或铂金属膜的电阻值随着温度的变化而变化这一基本原理设计和制作的,按 0℃时的电阻值 R_0 的大小分为 10 Ω(分度号为 Pt10)、100 Ω(分度号为 Pt100)和 1000 Ω(分度号为 Pt1000)等。铂热电阻测温范围较大,适合于 –200~850℃。10 Ω 铂热电阻的感温元件是用较粗的铂丝绕制而成,耐温性能明显优于 100 Ω 的铂热电阻,主要用于 650℃以上的温区;100 Ω 铂热电阻主要用于 650℃以下的温区,虽也可用于 650℃以上温区,但在 650℃以上温区不允许有 A 级误差。Pt100 的电阻与温度的关系见表 6-1。

表 6-1　Pt100 铂热电阻分度表(t-R_t对应值)

分度号:Pt100				R_0=100 Ω				α=0.003910	
温度 t/℃	0	1	2	3	4	5	6	7	8	9
	电　　　阻　　　值 R_t/Ω									
0	100.00	100.40	100.79	101.19	101.59	101.98	102.38	102.78	103.17	103.57
10	103.96	104.36	104.75	105.15	105.54	105.94	106.33	106.73	107.12	107.52
20	107.91	108.31	108.70	109.10	109.49	109.88	110.28	110.67	111.07	111.46
30	111.85	112.25	112.64	113.03	113.43	113.82	114.21	114.60	115.00	115.39
40	115.78	116.17	116.57	116.96	117.35	117.74	118.13	118.52	118.91	119.31
50	119.70	120.09	120.48	120.87	121.26	121.65	122.04	122.43	122.82	123.21
60	123.60	123.99	124.38	124.77	125.16	125.55	125.94	126.33	126.72	127.10
70	127.49	127.88	128.27	128.66	129.05	129.44	129.82	130.21	130.60	130.99
80	131.37	131.76	132.15	132.54	132.92	133.31	133.70	134.08	134.47	134.86
90	135.24	135.63	136.02	136.40	136.79	137.17	137.56	137.94	138.33	138.72
100	139.10	139.49	139.87	140.26	140.64	141.02	141.41	141.79	142.18	142.66
110	142.95	143.33	143.71	144.10	144.48	144.86	145.25	145.63	146.10	146.40
120	146.78	147.16	147.55	147.93	148.31	148.69	149.07	149.46	149.84	150.22
130	150.60	150.98	151.37	151.75	152.13	152.51	152.89	153.27	153.65	154.03
140	154.41	154.79	155.17	155.55	155.93	156.31	156.69	157.07	157.45	157.83
150	158.21	158.59	158.97	159.35	159.73	160.11	160.49	160.86	161.24	161.62
160	162.00	162.38	162.76	163.13	163.51	163.89	—	—	—	—

2. 铜热电阻(WZC)

铜热电阻是利用铜丝的电阻值随着温度的变化而变化这一基本原理设计和制

作的，按 0℃时的电阻值 $R(℃)$ 的大小分为 50 Ω(分度号为 Cu50)、100 Ω(分度号为 Cu100)等型号。铜的温度电阻线性系数为 $α=(4.25～4.28)×10^{-3}/℃$。可以测量各种生产过程中-200～420 ℃的液体、蒸汽和气体介质及固体表面的温度。Cu50 电阻与温度的关系见表 6-2。

表 6-2　Cu50 铜热电阻分度表(t-R_t对应值)

温度 t/℃	0	1	2	3	4	5	6	7	8	9
	电　　阻　　值 R_t/Ω									
-50	39.242	39.458	39.674	39.890	40.106	40.322	40.537	40.753	40.969	41.184
-40	41.400	41.616	41.831	42.047	42.262	42.478	42.693	42.909	43.124	43.349
-30	43.555	43.770	43.985	44.200	44.416	44.631	44.846	45.061	45.276	45.491
-20	45.706	45.921	46.136	46.351	46.566	46.780	46.995	47.210	47.425	47.639
-10	47.854	48.069	48.284	48.498	48.713	48.927	49.142	49.356	49.571	49.786
0	50.000	50.214	50.429	50.643	50.858	51.072	51.286	51.501	51.715	51.929
10	52.144	52.358	52.572	52.786	53.000	53.215	53.429	53.643	53.857	54.071
20	54.285	54.500	54.714	54.928	55.142	55.356	55.570	55.784	55.998	56.212
30	56.426	56.64	56.854	57.068	57.282	57.496	57.710	57.924	58.137	58.351
40	58.565	58.779	58.993	59.207	59.421	59.635	59.848	60.062	60.276	60.490
50	60.704	60.918	61.132	61.345	61.559	61.773	61.987	62.201	62.415	62.628
60	62.842	63.056	63.27	63.484	63.698	63.911	64.125	64.339	64.553	64.767
70	64.981	65.194	65.408	65.622	65.836	66.050	66.264	66.478	66.692	66.906
80	67.120	67.333	67.547	67.761	67.975	68.189	68.403	68.617	68.831	69.045
90	69.259	69.473	69.687	69.901	70.115	70.329	70.544	70.762	70.972	71.186
100	71.400	71.614	71.828	72.042	72.257	72.471	72.685	72.899	73.114	73.328
110	73.542	73.751	73.971	74.185	74.400	74.614	74.828	75.043	75.258	75.477
120	75.686	75.901	76.115	76.330	76.545	76.759	76.974	77.189	77.404	77.618
130	77.833	78.048	78.263	78.477	78.692	78.907	79.122	79.337	79.552	79.767
140	79.982	80.197	80.412	80.627	80.843	81.058	81.272	81.488	81.704	81.919
150	82.134	—	—	—	—	—	—	—	—	—

6.1.2　金属热敏电阻的结构和常用检测电路

　　铂热电阻是将 0.02～0.07 mm 的铂丝绕在线圈骨架上封装在玻璃或陶瓷内，接出引线，$ρ=0.0981×10^{-6}$ Ω·m；此外也有箔式结构或薄膜式结构。铜热电阻的结构与之相似。常见的金属热敏电阻结构示意图如图 6-1 所示。

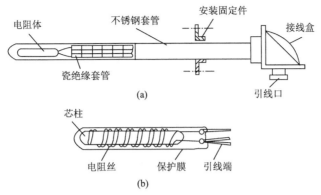

图 6-1　金属热敏电阻的结构

金属热敏电阻一般是三线制，其中一端接一根引线，另一端接两根引线，主要为远距离测量消除引线电阻对桥臂的影响(距离很近导线电阻可忽略不计时，可用二线制)。实际测量时，通常将金属热敏电阻随温度变化的阻值通过电桥转换成电压的变化量输出，再经放大器放大后直接用电压表显示，如图 6-2 所示。

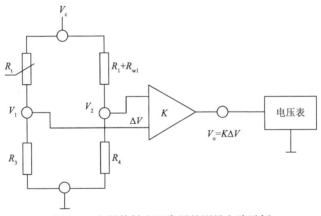

图 6-2　金属热敏电阻常用的测量电路示例

图中 $\Delta V = V_2 - V_1$，$V_1 = [R_3 / (R_3 + R_t)] V_c$，$V_2 = [R_4 / (R_4 + R_1 + R_{w1})] V_c$，$\Delta V = V_2 - V_1 = \{[R_4 / (R_4 + R_1 + R_{w1})] - [R_3 / (R_3 + R_t)]\} V_c$，所以

$$V_o = K \Delta V = K \{[R_4 / (R_4 + R_1 + R_{w1})] - [R_3 / (R_3 + R_t)]\} V_c \quad (6\text{-}2)$$

式中，R_t 随温度的变化而变化；其他参数都是常量；K 为放大器的放大倍数。放大器的输出 V_o 与热电阻值 (R_t) 有一一对应关系，通过测量 V_o 可计算出 R_t：

$$R_t = R_3 \left[\frac{(R_4 + R_1 + R_{w1}) K V_c}{R_4 K V_c - V_o (R_4 + R_1 + R_{w1})} - 1 \right] \quad (6\text{-}3)$$

根据 R_t 的值和对应的阻值与温度关系表，就可知道温度。

6.1.3　热敏电阻实验

1. Pt100 铂热电阻测温特性实验

(1)实验目的

掌握 Pt100 铂热电阻-电压转换方法及 Pt100 铂热电阻测温特性与应用。

(2)需用器件与单元

浙江高联传感实验系统主机箱中的智能调节器单元、电压表、转速调节 0～24 V 电源、±15 V 直流稳压电源、±2～±10 V(步进可调)直流稳压电源；温度源、Pt100 铂热电阻两支(一支用作温度源控制、另外一支用作温度特性实验)、温度传感器实验模板；压力传感器实验模板(作为直流 mV 信号发生器)、$4\frac{1}{2}$位数字多用表(自备)。

(3)实验内容和步骤

1)温度传感器实验模板放大器调零。图 6-2 中的放大器实际在温度传感实验模板中由两部分组成：差动放大器作为一级放大，固定放大倍率但可调零电位的放大器作为二级放大。将温度传感器实验模板的差动放大器输入端短接并接地；二级放大输出接主机电压表。接好模块的电源接线，将主机箱上的电压表量程切换开关打到 2 V 挡，检查接线无误后合上主机箱电源开关。温度传感器实验模板中的 R_{w2}(增益电位器)顺时针转到底，再调节 R_{w3}(调零电位器)使主机箱的电压表显示为 0(零位调好后 R_{w3} 电位器旋钮位置不要再改动)。关闭主机箱电源。

2)调节温度传感器实验模板放大器的增益 K 为 10 倍：利用压力传感器实验模板的零位偏移电压作为温度传感器实验模板放大器的输入信号，来确定温度传感器实验模板放大器的增益 K。将压力传感器模板差动放大器输入短接并接地，二级放大输出接电压表；压力放大器模板接上电源接线，检查接线无误后(尤其要注意实验模板的工作电源为±15 V)，合上主机箱电源开关，调节压力传感器实验模板上的 R_{w2}(调零电位器)，使压力传感器实验模板中的放大器输出电压为 0.020 V(用主机箱电压表测量)；再将 0.020 V 电压输入到温度传感器实验模板的差动放大器输入端；调节温度传感器实验模板中的增益电位器 R_{w2}(注意：不要误碰调零电位器 R_{w3})，使温度传感器实验模板放大器的输出电压为 0.200 V(增益调好后，R_{w2} 电位器旋钮位置不要再改动)。此时温度实验模板放大器增益 $K=10$，关闭电源。

3)用万用表200 Ω挡测量并记录 Pt100 铂热电阻在室温时的电阻值(不要用手抓捏温度传感器测温端，放在桌面上测)，三根引线中同色线为 Pt100 铂热电阻的一端，异色线为 Pt100 铂热电阻的另一端。(本实验为了理解并掌握实验原理，采用了较为简单的万用表直接测量，误差略大。若要提高准确度，可采用略微复杂的惠斯通电桥法。)

4) 测量室温时 Pt100 铂热电阻的输出电压。撤去压力传感器实验模板，将主机箱中的 ±2～±10 V(步进可调) 直流稳压电源调节到 ±2 V 挡，+2 V 的直流电作为电桥的驱动电压；电压表量程切换开关打到 2 V 挡。将一个 Pt100 铂热电阻的两同色线分别接入电桥的信号输出端(图 6-2 中的 V_1) 和差动放大器的一个输入端，另一不同色引线接入图 6-2 中的 V_c 处，电桥的另一输出端接入差动放大器的另一个输入端。检查接线无误后合上主机箱电源开关，待电压表显示不再上升处于稳定值时记录室温时温度传感器实验模板放大器的输出电压 V_o(电压表显示值)。关闭电源。

5) 测量 Pt100 铂热电阻的温度 电阻特性测量。保留步骤 4) 的接线同时将实验传感器 Pt100 铂热电阻插入温度源中。温度源上有两孔，另一孔也插上 Pt100 铂热电阻，并将其对应的引线接入主机箱智能调节模块上相应的接线孔中。温度源的加热电源线插头接入主机箱智能调节器模块的加热控制插座；智能调节器模块冷却风扇的 24 V"+""−"分别接入温度源的 24 V"+""−"。将主机箱上的转速调节旋钮 (0～24 V) 顺时针转到底 (24 V)，将调节器控制对象开关拨到 Rt.Vi 位置。检查接线无误后合上主机箱电源，再合上调节器电源开关和温度源电源开关，将温度源调节控制在 40℃(调节器参数的设置及使用和温度源的使用实验方法参阅附录 2——温度源控制介绍)，待电压表显示上升到平衡点时记录数据。

6) 温度源的温度在 40℃ 的基础上，可按 Δt=10℃(温度源为 40～160℃) 增加温度，设定温度源温度值，待温度源温度动态平衡时，读取主机箱电压表的显示值并填入自行设计的表格中。将调节器实验温度设置到 40℃，待温度源回到 40℃ 左右后实验结束。关闭所有电源。

7) R_t 数据值根据 V_o、V_c 值和式 (6-3) 计算。式中，K=10，V_c =2 V，R_3、R_4、R_1+R_{w1} 用万用表自行测量；V_o 为测量值。将计算值填入自行设计的表格中，利用表格中数据画出 t–R_t 实验曲线，并计算其非线性误差。

8) 再根据表 6-1 的 Pt100 铂热电阻与温度 t 的对应表(Pt100-t 国际标准分度值表) 对照实验结果。

2. Cu50 铜热电阻测温特性实验

(1) 实验目的
掌握铜热电阻的测温原理与应用。
(2) 需用器件与单元
浙江高联传感系统主机箱中的智能调节器单元、电压表、转速调节 0～24 V 电源、±15 V 直流稳压电源、±2～±10 V(步进可调) 直流稳压电源；温度源、Pt100

铂热电阻(温度控制传感器)、Cu50 铜热电阻(实验传感器)、温度传感器实验模板；压力传感器实验模板(作为直流 mV 信号发生器)、$4\frac{1}{2}$ 位数字多用表(自备)。

(3)实验内容和步骤

1)温度传感器实验模板放大器调零。图 6-2 中的放大器实际在温度传感实验模板中由两部分组成：差动放大器作为一级放大，固定放大倍率但可调零电位的放大器作为二级放大。将温度传感器实验模板的差动放大器输入端短接并接地；二级放大输出接主机电压表。接好模块的电源接线，将主机箱上的电压表量程切换开关打到 2 V 挡，检查接线无误后合上主机箱电源开关。温度传感器实验模板中的 R_{w2}(增益电位器)顺时针转到底，再调节 R_{w3}(调零电位器)使主机箱的电压表显示为 0(零位调好后 R_{w3} 电位器旋钮位置不要再改动)。关闭主机箱电源。

2)调节温度传感器实验模板放大器的增益 K 为 10 倍：利用压力传感器实验模板的零位偏移电压作为温度传感器实验模板放大器的输入信号来确定温度传感器实验模板放大器的增益 K。将压力传感器模板差动放大器输入短接并接地，二级放大输出接电压表；压力放大器模板接上电源接线，检查接线无误后(尤其要注意实验模板的工作电源±15 V)，合上主机箱电源开关，调节压力传感器实验模板上的 R_{w2}(调零电位器)，使压力传感器实验模板中的放大器输出电压为 0.020 V(用主机箱电压表测量)；再将 0.020 V 电压输入到温度传感器实验模板的差动放大器输入端；调节温度传感器实验模板中的增益电位器 R_{w2}(注意：不要误碰调零电位器 R_{w3})，使温度传感器实验模板放大器的输出电压为 0.200 V(增益调好后 R_{w2} 电位器旋钮位置不要再改动)。此时温度实验模板放大器增益 $K=10$。关闭电源。

3)用万用表 100 Ω 挡测量并记录 Cu50 铜热电阻在室温时的电阻值(不要用手抓捏温度传感器测温端，放在桌面上测)，三根引线中同色线为 Cu50 热电阻的一端，异色线为 Cu50 热电阻的另一端(本实验为了理解并掌握实验原理，采用了较为简单的万用表直接测量，误差略大；若要提高准确度，可采用略微复杂的惠斯通电桥法)。

4)用 Cu50 铜热电阻测量室温时的输出。撤去压力传感器实验模板。将主机箱中的±2～±10 V(步进可调)直流稳压电源调节到±2 V 挡，+2 V 的直流电作为电桥的驱动电压；电压表量程切换开关打到 2 V 挡。将一个 Cu50 铜热电阻的两同色线分别接入电桥的信号输出端(图 6-2 中的 V_1)和差动放大器的一个输入端，另一不同色引线接入图 6-2 中的 V_c 处；电桥的另一输出端接入差动放大器的另一个输入端。在温度传感器实验模板的桥路电阻 R_1 两端并联一根 100 Ω 的专用连线(相当于 2 个 100 Ω 的电阻并联成 50 Ω 的电阻与 Cu50 匹配)。检查接线无误后合上主机箱电源开关，待电压表显示不再上升处于稳定值时记录室温时温度传感器实验模板放大器的输出电压 V_o(电压表显示值)。关闭电源。

5) 测量 Cu50 铜热电阻的温度-电阻特性测量。保留步骤 4) 的接线，同时将实验传感器 Cu50 铜热电阻插入温度源中。温度源上有两孔，另一孔仍插上 Pt100 铂热电阻，并将其对应的引线接入主机箱智能调节模块上相应的接线孔中。温度源的加热电源线插头接入主机箱智能调节器模块的加热控制插座；智能调节器模块冷却风扇的 24 V "+" "−" 分别接入温度源的 24 V "+" "−"。将主机箱上的转速调节旋钮 (0~24 V) 顺时针转到底 (24 V)，将调节器控制对象开关拨到 Rt.Vi 位置。检查接线无误后合上主机箱电源，再合上调节器电源开关和温度源电源开关，将温度源调节控制在 40℃ (调节器参数的设置及使用和温度源的使用实验方法参阅附录 2——温度源与控制介绍)，待电压表显示上升到平衡点时记录数据。

6) 温度源的温度在 40℃ 的基础上，可按 Δt=10℃ (温度源为 40~140℃) 增加温度，设定温度源温度值，待温度源温度动态平衡时，读取主机箱电压表的显示值并填入自行设计的表格中。将调节器实验温度设置到 40℃，待温度源回到 40℃ 左右后实验结束。关闭所有电源。

7) R_t 数据值根据 V_o、V_c 值和式 (6-3) 计算，式中，K=10；V_c =2 V；相应的电阻值自行用万用表测量；V_o 为测量值。将计算值填入自行设计的表格中，利用表格中的数据画出 t-R_t 实验曲线并计算其非线性误差。

8) 再根据表 6-2 的 Cu50 铜热电阻与温度 t 的对应表 (Cu50-t 国际标准分度值表) 对照实验结果。

6.2　PN 结型温度传感器实验

PN 结型温度传感器是一种半导体敏感器件，它可实现温度与电压的转换。在常温范围内兼有热电偶、铂热电阻和其他热敏电阻各自的优点，同时克服了这些传统测温器件的某些固有缺陷，是自动控制和仪器仪表工业不可缺少的基础元器件之一。在−50~120℃温区内有着极其广泛的用途。PN 结型温度传感器在温室大棚、水产养殖、医疗器械、家电等领域有广泛的应用。

6.2.1　PN 结型温度传感器的原理

PN 结型温度传感器是利用二极管、三极管 PN 结的正向压降随温度变化的特性而制成的温度敏感器件。

1. 二极管温度传感器的原理

我们知道，PN 结的伏安特性可表示为

$$I = I_s(\mathrm{e}^{qU/kT} - 1) \approx I_s \mathrm{e}^{qU/kT} \tag{6-4}$$

则

$$U = \frac{kT}{q} \ln \frac{I}{I_s} \tag{6-5}$$

式中，I 为 PN 结正向电流；U 为 PN 结正向压降；I_s 为 PN 结反向饱和电流；q 为电子电量（1.6×10^{-19} C）；T 为热力学温度；k 为玻尔兹曼常量（1.38×10^{-23} J/K）。

因反向饱和电流 I_s 在一定电压范围内基本保持不变，若保持 I 恒定，则 U 与 T 呈线性关系，这就是 PN 结的测温原理，即

$$\frac{\mathrm{d}U}{\mathrm{d}T} = \frac{k}{q} \ln \frac{I}{I_s} = \mathrm{const} \tag{6-6}$$

2. 双极结晶体管温度传感器的原理

将 NPN 型晶体管的 bc 结短接，利用 be 结作为感温器件，其接近 PN 结的理想特性，如图 6-3 所示，测温原理与二极管温度传感器基本相同。

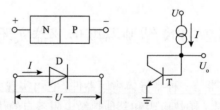

图 6-3　双极结晶体管温度传感器

3. 集成温度传感器

一只晶体管发射极电流密度 J_e 为

$$J_e = \frac{1}{a} \cdot J_s(\mathrm{e}^{qU/kT} - 1) \tag{6-7}$$

通常 $a \approx 1$。当发射结正偏工作时，$J_e \gg J_s$，则

$$U_{be} = \frac{kT}{q} \ln \frac{aJ_e}{J_s} \tag{6-8}$$

下面以 AD590 电流型集成温度传感器为例解释其工作原理。AD590 电流型集成温度传感器内部电路原理如图 6-4 所示。

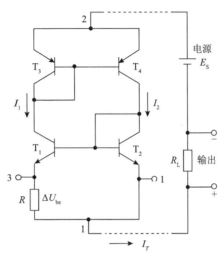

图 6-4   AD590 电流型集成温度传感器内部电路

图 6-4 中晶体管对 T_3 和 T_4 起恒流作用，使 I_T 分为 I_1 和 I_2 且 $I_1=I_2$；T_1、T_2 起感温作用；T_1 由 8 只与 T_2 相同的晶体管并联而成，因此，T_2 中的电流密度 J_2 为 T_1 中的电流密度 J_1 的 8 倍，即

$$J_2=8J_1$$

U_{be1} 和 U_{be2} 反极性串接施加在电阻 R 上，则 R 上的电压为

$$U_T = \Delta U_{be} = U_{be2} - U_{be1} = \frac{kT}{q}\ln\frac{8J_1}{J_1} = \frac{kT}{q}\ln 8 = 179T(\mu V) \tag{6-9}$$

通过 R 的电流 $I_R = I_1 = 179T/R$，$I_T=2I_1$，若取 R=358 Ω，则

$$k_I=I_T/T=2\times179/358=1\,(\mu A/K)$$

所以

$$I_T=k_I\cdot T=1T(\mu A/K) \tag{6-10}$$

当 U=4～30 V 时，AD590 电流型集成温度传感器可视为理想恒流源，电流只随温度 T 变化；在–55～150℃温区范围内，I_T 与 T 有较好的线性，输出电流灵敏度 k_I=1 μA/K。AD590 工作电源 DC 可在+4～+30 V 具有良好的互换性和线性。由于电流较小(小于 1 mA，如在室温时为 0.3 mA)，通常将该输出电流转化为电压信

号。常用的 AD590 电流型集成温度传感器测温特性实验电路如图 6-5 所示。图中的电压表通常是先接高输入阻抗的放大电路，然后再接电压表。

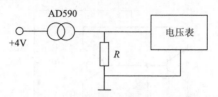

图 6-5　AD590 电流型集成温度传感器测温特性实验原理图

集成温度传感器有很多种，主要有以下几种类型：
1）电压型，三线制，k_U=10 mV/℃，LM34/35、LM135/235 等；
2）电流型，两线制，k_I=1 μA/K，AD590/592、LM134/234 等；
3）数字输出型，TMP03/04、AD7416 等；
4）电阻可编程温度控制器，TMP01、AD22105 等。

6.2.2　AD590 电流型集成温度传感器实验

1. 实验目的

掌握典型的集成温度传感器的基本原理、性能与应用。

2. 需用器件与单元

浙江高联传感实验系统主机箱中的智能调节器单元、电压表、转速调节 0～24 V 电源、±2～±10 V（步进可调）直流稳压电源；温度源、Pt100 铂热电阻（温度源温度控制传感器）、AD590 电流型集成温度传感器（温度特性实验传感器）；温度传感器实验模板。

3. 实验内容和步骤

1）测量室温值 t_0：将主机箱±2～±10 V（步进可调）直流稳压电源调节到±4 V 挡，将电压表量程切换开关切到 2 V 挡。根据电路图 6-5 接线（注意 AD590 电流型集成温度传感器模板引线的正负极性，通常红或黄为正，蓝或黑为负），将 AD590 电流型集成温度传感器放在桌面上，用万用表测量其串联的电阻值 R。检查接线无误后合上主机箱电源开关。记录电压表读数值 $V_i = (273.16+t_0)$ μA · R，得 $t_0 \approx V_i / (R \cdot$ μA$)$ –273。

2）AD590 电流型集成温度传感器温度特性实验

先关闭主机电源。保留 1）中的接线，将 AD590 电流型集成温度传感器插入温度源中。温度源上有两孔，另一孔仍插上 Pt100 铂热电阻，并将其对应的引线接入主机箱智能调节模块上相应的接线孔中。温度源的加热电源线插头接入主机箱智能调节器模块的加热控制插座；智能调节器模块冷却风扇的 24 V "+" "−"分别接入温度源的 24 V "+" "−"。将主机箱上的转速调节旋钮(0~24 V)顺时针转到底(24 V)，将调节器控制对象开关拨到 Rt.Vi 位置。检查接线无误后合上主机箱电源，再合上智能调节器电源开关和温度源电源开关，将温度源调节控制在 40℃(调节器参数的设置及使用和温度源的使用实验方法参阅附录 2——温度源控制介绍)，待电压表显示上升到平衡点时记录数据。

温度源的温度在 40℃的基础上，可按 Δt=10℃(温度源为 40~120℃)增加温度，设定温度源温度值，待温度源温度动态平衡时读取主机箱电压表的显示值并填入自行设计的表格中。将调节器实验温度设置到 40℃，待温度源回到 40℃左右后实验结束。关闭所有电源。

3)根据记录数据值做出实验曲线并计算其非线性误差。实验结束，关闭所有电源。

6.3　热电偶的工作原理及测试实验

6.3.1　热电偶工作原理

热电偶是基于热电动势效应工作的。将两种不同的导体(金属或合金)A 和 B 组成一个闭合回路，称为**热电偶**(图 6-6)，若两接触点温度(T、T_0)不同，则回路中将有一定大小电流，表明回路中有电势产生，该现象称为热电动势效应或泽贝克(Seebeck)效应。回路中的电势称为**热电势**或**泽贝克电势**，用 $E_{AB}(T,T_0)$ 或 $E_{AB}(t,t_0)$ 表示。

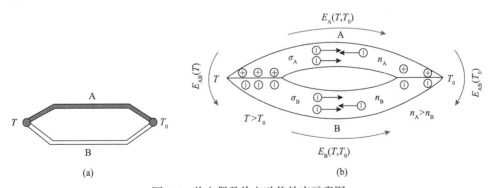

图 6-6　热电偶及热电动势效应示意图

热电偶通常有两种不同的导体，称为热电极(导体 A、B)；测量端也称为热

端或工作端 $T(t)$；参考端也称为冷端或自由端 $T_0(t_0)$。

热电势产生的原因主要有两种，接触电势和温差电势。

1. 佩尔捷效应——接触电势

自由电子密度不同的两种金属的接触处，由于电子的扩散现象在接触点处形成**接触电势**或佩尔捷(Peltier)电势，此现象称为**佩尔捷效应**。

接触点 T 处接触电势：

$$E_{AB}(T) = \frac{kT}{e} \ln \frac{n_A}{n_B} \tag{6-11}$$

接触点 T_0 处接触电势：

$$E_{AB}(T_0) = \frac{kT_0}{e} \ln \frac{n_A}{n_B} \tag{6-12}$$

总接触电势：

$$E_{AB}(T) - E_{AB}(T) = \frac{k}{e}(T - T_0) \ln \frac{n_A}{n_B} \tag{6-13}$$

2. 汤姆孙效应——温差电势

当均质导体的两端温度不相等时，由于体内自由电子从高温端向低温端的扩散，在其两端形成的电势称为**温差电势**或汤姆孙(Thomson)电势，此现象称为**汤姆孙效应**。

导体 A 中的汤姆孙电势：

$$E_A(T - T_0) = \int_{T_0}^{T} \sigma_A dT \tag{6-14}$$

导体 B 中的汤姆孙电势：

$$E_B(T - T_0) = \int_{T_0}^{T} \sigma_B dT \tag{6-15}$$

回路中总的汤姆孙电势：

$$E_A(T - T_0) - E_B(T - T_0) = \int_{T_0}^{T} (\sigma_A - \sigma_B) dT \tag{6-16}$$

式中，σ_A、σ_B 分别为导体 A、B 中的汤姆孙系数。

综合考虑 A、B 组成的热电偶回路，当 $T \neq T_0$ 时，总的热电势为

$$E_{AB}(T, T_0) = E_{AB}(T) - E_{AB}(T_0) + \int_{T_0}^{T} (\sigma_A - \sigma_B) \, \mathrm{d}T$$

$$= \frac{k}{e}(T - T_0) \ln \frac{n_A}{n_B} + \int_{T_0}^{T} (\sigma_A - \sigma_B) \, \mathrm{d}T \tag{6-17}$$

讨论：

1）如果热电偶两电极材料相同（$n_A = n_B$，$\sigma_A = \sigma_B$），两接触点温度不同，不会产生热电势；如果两电极材料不同，但两接点温度相同（$T = T_0$），也不会产生热电势；

2）热电偶工作的基本条件：两电极材料不同，两接点温度不同。

3）热电势大小与热电极的几何形状和尺寸无关。

4）当两热电极材料不同，且 A、B 固定（即 n_A、n_B、σ_A、σ_B 为常数）时，热电势 $E_{AB}(T, T_0)$ 便为两接触点温度（T，T_0）的函数，即

$$E_{AB}(T, T_0) = E(T) - E(T_0) = E(T) - C = \varphi(T) \ (T_0 \text{恒定}) \tag{6-18}$$

这就是热电偶的测温原理。

5）热电势的极性：热端失去电子为正，获得电子为负，且有

$$E_{AB}(T, T_0) = -E_{BA}(T, T_0) = -E_{AB}(T_0, T) \tag{6-19}$$

6.3.2　热电偶的基本定律

1. 均质导体定律

要求热电极材质均匀，克服热电极上各点温度不同时造成的附加误差。

2. 中间导体定律

热电偶回路断开接入第三种导体 C，若 C 两端温度相同，则回路热电势不变，这为热电势的测量（接入测量仪表，第三导体）奠定了理论基础，见图 6-7。

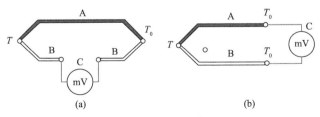

图 6-7　热电偶测温电路原理图

3．中间温度定律

$$E_{AB}(T,\ T_0) = E_{AB}(T,\ T_n) + E_{AB}(T_n,\ T_0) \tag{6-20}$$

若 $T_0 = 0\text{℃}$，则

$$E_{AB}(T,\ 0) = E_{AB}(T,\ T_n) + E_{AB}(T_n,\ 0)$$

4．标准（参考）电极定律

标准电极定律原理如图 6-8 所示。

$$E_{AB}(T,\ T_0) = E_{AC}(T,\ T_0) - E_{BC}(T,\ T_0) \tag{6-21}$$

以 C 作为标准电极，一般 C 为铂，构建热电偶 A、B。

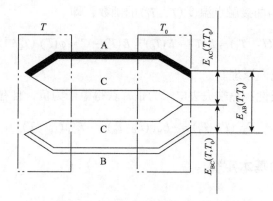

图 6-8　标准电极定律原理示意图

例：$E_{铜 \cdot 铂}(100,0) = 0.76\,\text{mV}$

$$E_{康铜 \cdot 铂}(100,0) = -3.5\,\text{mV}$$

则

$$E_{铜 \cdot 康铜}(100,0) = 0.76 - (-3.5) = 4.26\,\text{mV}$$

6.3.3　热电偶的种类和结构

1．热电极材料和热电偶类型

(1)热电极材料的基本要求

热电极是材料用于制作热电偶的感温元件，其基本要求如下：

1)热电势足够大，测温范围宽、线性好；

2)热电特性稳定；

3)理化性能稳定，不易氧化、变形和腐蚀；

4)电阻温度系数 α、电阻率 ρ 小；

5)易加工、复制性好。

(2)热电偶类型

热电偶的类型较多，标准化热电偶有如下几种：

1)铂铑 10-铂热电偶(S 型热电偶)为贵金属热电偶。偶丝直径规定为 0.5 mm，允许偏差-0.015 mm，其正极(SP)的化学成分为铂铑合金，其中含铑 10%，含铂 90%，负极(SN)为纯铂，故俗称单铂铑热电偶。该热电偶长期最高使用温度为 1300℃，短期最高使用温度为 1600℃。S 型热电偶在热电偶系列中具有准确度高、稳定性好、测温温区宽、使用寿命长等优点。其物理化学性能良好，热电势稳定性及在高温下抗氧化性能好，适用于氧化性和惰性气氛中。

由于 S 型热电偶具有优良的综合性能，符合国际使用温标的 S 型热电偶，长期以来曾作为国际温标的内插仪器，虽然 1990 国际温标(ITS-90)规定 S 型热电偶今后不再作为国际温标的内插仪器，但国际温度咨询委员会认为 S 型热电偶仍可用于近似实现国际温标。

S 型热电偶不足之处是其热电势、热电势率较小，灵敏度低，高温下机械强度下降，对污染敏感，贵金属材料昂贵，因而一次性投资较大。

2)铂铑 13-铂热电偶(R 型热电偶)为贵金属热电偶。偶丝直径规定为 0.5 mm，允许偏差-0.015 mm，其正极(RP)的化学成分为铂铑合金，其中含铑 13%，含铂 87%，负极(RN)为纯铂，长期最高使用温度为 1300℃，短期最高使用温度为 1600℃。R 型热电偶在热电偶系列中具有准确度高、稳定性好、测温温区宽、使用寿命长等优点。其物理化学性能良好，热电势稳定性及在高温下抗氧化性能好，适用于氧化性和惰性气氛中。由于 R 型热电偶的综合性能与 S 型热电偶相当，在我国一直难以推广，除在进口设备上的测温有所应用外，国内测温很少采用。

1967～1971 年，英国 NPL、美国 NBS 和加拿大 NRC 三大研究机构进行了一项合作研究，其结果表明，R 型热电偶的稳定性和复现性均比 S 型热电偶好，我国目前尚未开展这方面的研究。R 型热电偶的不足之处是热电势、热电势率较小，灵敏度低，高温下机械强度下降，对污染非常敏感，贵金属材料昂贵，因而一次性投资较大。

3)铂铑 30-铂铑 6 热电偶(B 型热电偶)为贵金属热电偶。偶丝直径规定为 0.5 mm，允许偏差-0.015 mm，其正极(BP)的化学成分为铂铑合金，其中含铑 30%，含铂 70%，负极(BN)为铂铑合金，含铑量为 6%，故俗称双铂铑热电偶。该热电偶长期最高使用温度为 1600℃，短期最高使用温度为 1800℃。

B 型热电偶在热电偶系列中具有准确度高、稳定性好、测温温区宽、使用寿命长、测温上限高等优点。适用于氧化性和惰性气氛中，也可短期用于真空中，但不适用于还原性气氛或含有金属或非金属蒸气气氛中。B 型热电偶的一个明显优点是不需用补偿导线进行补偿，因为在 0~50℃，其热电势小于 3 μV。B 型热电偶的不足之处是热电势、热电势率较小，灵敏度低，高温下机械强度下降，对污染非常敏感，贵金属材料昂贵，因而一次性投资较大。

4) 镍铬–镍硅热电偶(K 型热电偶)是目前用量最大的廉金属热电偶，其用量为其他热电偶的总和。正极(KP)的化学成分为 Ni：Cr=90：10，负极(KN)的化学成分为 Ni：Si=97：3，其使用温度为–200~1300℃。

K 型热电偶具有线性度好、热电动势较大、灵敏度高、稳定性和均匀性较好、抗氧化性能强、价格便宜等优点，能用于氧化性和惰性气氛中，广泛为用户所采用。K 型热电偶不能直接在高温下用于硫气氛，还原性气氛或还原、氧化交替气氛中或真空中，也不推荐用于弱氧化气氛中。其分度表见表 6-3。

表 6-3　K 型热电偶分度表

分度号：K　　　　　　　　　　　　　　　　　　　　　(参考端温度为 0℃)

测量端温度 $t/℃$	0	1	2	3	4	5	6	7	8	9
	热电势 E/mV									
0	0.000	0.039	0.079	0.119	0.158	0.198	0.238	0.277	0.317	0.357
10	0.397	0.437	0.477	0.517	0.557	0.597	0.637	0.677	0.718	0.758
20	0.798	0.838	0.879	0.919	0.960	1.000	1.041	1.081	1.122	1.162
30	1.203	1.244	1.285	1.325	1.366	1.407	1.448	1.489	1.529	1.570
40	1.611	1.652	1.693	1.734	1.776	1.817	1.858	1.899	1.949	1.981
50	2.022	2.064	2.105	2.146	2.188	2.229	2.270	2.312	2.353	2.394
60	2.436	2.477	2.519	2.560	2.601	2.643	2.684	2.726	2.767	2.809
70	2.850	2.892	2.933	2.975	3.016	3.058	3.100	3.141	3.183	3.224
80	3.266	3.307	3.349	3.390	3.432	3.473	3.515	3.556	3.598	3.639
90	3.681	3.722	3.764	3.805	3.847	3.888	3.930	3.971	4.012	4.054
100	4.095	4.137	4.178	4.219	4.261	4.302	4.343	4.384	4.426	4.467
110	4.508	4.549	4.590	4.632	4.673	4.714	4.755	4.796	4.837	4.878
120	4.919	4.960	5.001	5.042	5.083	5.124	5.164	5.205	5.246	5.287
130	5.327	5.368	5.409	5.450	5.490	5.531	5.571	5.612	5.652	5.693
140	5.733	5.774	5.814	5.855	5.895	5.936	5.976	6.016	6.057	6.097
150	6.137	6.177	6.218	6.258	6.298	6.338	6.378	6.419	6.459	6.499
160	6.539	6.579	6.619	6.659	6.699	6.739	6.779	6.819	6.859	6.899
170	6.939	6.979	7.019	7.059	7.099	7.139	7.179	7.219	7.259	7.299
180	7.338	—	—	—	—	—	—	—	—	—

　　5)镍铬硅-镍硅热电偶(N 型热电偶)为廉金属热电偶,是一种最新国际标准化的热电偶,是在 20 世纪 70 年代初由澳大利亚国防部实验室研制成功的,它克服了 K 型热电偶的两个重要缺点:K 型热电偶在 300~500℃由镍铬合金的晶格短程有序而引起的热电势不稳定;在 800℃左右由镍铬合金发生择优氧化引起的热电势不稳定。正极(NP)的化学成分为 Ni∶Cr∶Si=84.4∶14.2∶1.4,负极(NN)的化学成分为 Ni∶Si∶Mg=95.5∶4.4∶0.1,其使用温度为−200~1300℃。N 型热电偶具有线性度好、热电势较大、灵敏度较高、稳定性和均匀性较好、抗氧化性能强、价格便宜、不受短程有序化影响等优点,其综合性能优于 K 型热电偶,是一种很有发展前途的热电偶。N 型热电偶和 K 型热电偶相似,不能直接在高温下用于硫气氛,还原性气氛或还原、氧化交替气氛中或真空中,也不推荐用于弱氧化气氛中。

　　6)镍铬-铜镍热电偶(E 型热电偶)又称镍铬-康铜热电偶,也是一种廉金属热电偶,正极(EP)为:镍铬 10 合金,化学成分与 KP 相同,负极(EN)为铜镍合金,化学成分为:55%的铜、45%的镍及少量的锰、钴、铁等。该热电偶的使用温度为−200~900℃。E 型热电偶的热电势之大,灵敏度之高属所有热电偶之最,宜制成热电堆测量微小的温度变化。对于高湿度气氛的腐蚀不甚灵敏,因此宜用于湿度较高的环境。E 型热电偶还具有稳定性好,抗氧化性能优于铜-康铜、铁-康铜热电偶,价格便宜等优点,能用于氧化性和惰性气氛中,广泛为用户采用。E 型热电偶不能直接在高温下用于硫或还原性气氛中,热电势均匀性较差。其分度表见表 6-4。

表 6-4　E 型热电偶分度表

分度号:E　　　　　　　　　　　　　　　　　　　　　　　　　　　　　(参考端温度为 0℃)

测量端温度 t/℃	0	1	2	3	4	5	6	7	8	9
					热　电　势 E/mV					
0	0.000	0.059	0.118	0.176	0.235	0.295	0.354	0.413	0.472	0.532
10	0.591	0.651	0.711	0.770	0.830	0.890	0.950	1.011	1.071	1.131
20	1.192	1.252	1.313	1.373	1.434	1.495	1.556	1.617	1.678	1.739
30	1.801	1.862	1.924	1.985	2.047	2.109	2.171	2.233	2.295	2.357
40	2.419	2.482	2.544	2.607	2.669	2.732	2.795	2.858	2.921	2.984
50	3.047	3.110	3.173	3.237	3.300	3.364	3.428	3.491	3.555	3.619
60	3.683	3.748	3.812	3.876	3.941	4.005	4.070	4.134	4.199	4.264
70	4.329	4.394	4.459	4.524	4.590	4.655	4.720	4.786	4.852	4.917
80	4.983	5.047	5.115	5.181	5.247	5.314	5.380	5.446	5.513	5.579
90	5.646	5.713	5.780	5.846	5.913	5.981	6.048	6.115	6.182	6.250
100	6.317	6.385	6.452	6.520	6.588	6.656	6.724	6.792	6.860	6.928

续表

测量端温度 t/℃	0	1	2	3	4	5	6	7	8	9
					热　　电　　势 E/mV					
110	6.996	7.064	7.133	7.201	7.270	7.339	7.407	7.476	7.545	7.614
120	7.683	7.752	7.821	7.890	7.960	8.029	8.099	8.168	8.238	8.307
130	8.377	8.447	8.517	8.587	8.657	8.827	83.797	8.867	8.938	9.008
140	9.078	9.149	9.220	9.290	9.361	9.432	9.503	9.573	9.614	9.715
150	9.787	9.858	9.929	10.000	10.072	10.143	10.215	10.286	10.358	10.429
160	10.501	10.578	10.645	10.717	10.789	10.861	10.933	11.005	11.077	11.151
170	11.222	11.294	11.367	11.439	11.512	11.585	11.657	11.730	11.805	11.876
180	11.949	—	—	—	—	—	—	—	—	—

7) 铁-铜镍热电偶(J 型热电偶) 又称铁-康铜热电偶，也是一种价格低廉的廉金属热电偶。它的正极(JP)的化学成分为纯铁，负极(JN)为铜镍合金，常被含糊地称为康铜，其名义化学成分为：55%的铜，45%的镍及少量却十分重要的锰、钴、铁等，尽管它叫康铜，但不同于镍铬-康铜和铜-康铜的康铜，故不能用 EN 和 TN 来替换。铁-康铜热电偶的覆盖测量温区为-200~1200℃，但通常使用的温度为 0~750℃。

J 型热电偶具有线性度好、热电势较大、灵敏度较高、稳定性和均匀性较好、价格便宜等优点，广为用户所采用。J 型热电偶可用于真空、氧化、还原和惰性气氛中，但正极铁在高温下氧化较快，故使用温度受到限制，也不能直接无保护地在高温下用于硫化气氛中。

2. 热电偶的结构

热电偶接点焊接要求和焊接方法(不引入第三种材料，接点大小适当)；电极之间绝缘可采用多种方式，如裸线、珠形绝缘、双孔绝缘子绝缘、石棉套管绝缘等，见图 6-9。

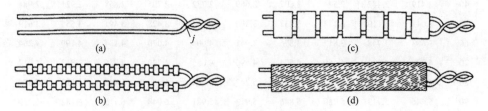

图 6-9　热电偶电极的绝缘方法

(a)裸线热电偶；(b)珠形绝缘热电偶；(c)双孔绝缘子绝缘热电偶；(d)石棉套管绝缘热电偶

(1)普通型热电偶

普通型热电偶结构见图 6-10。

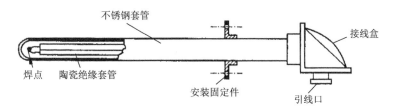

图 6-10　普通型热电偶结构

(2)铠装热电偶

铠装热电偶结构见图 6-11。

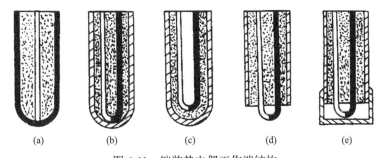

图 6-11　铠装热电偶工作端结构

(a)单芯结构；(b)双芯碰底型；(c)双芯不碰底型；(d)双芯帽型；(e)双芯无帽型

(3)薄膜热电偶

薄膜热电偶的电极由厚度 0.01～0.1 μm 的薄膜构成，见图 6-12。

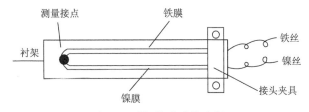

图 6-12　铁–镍薄膜热电偶

6.3.4　热电偶的冷端补偿及处理

热电偶的热电势是两接触点之间相对温差 $\Delta T = T - T_0$ 的函数，只有 T_0 固定，热电势才是 T 的单值函数；热电偶标准分度表是以 $T_0 = 0\,℃$ 为参考温度条件下测试制订的,只有保持 T_0=0℃,才能直接应用分度表或分度曲线。若 $T_0 \neq$ 0℃,则应进行冷端补偿,其补偿方法如下所述。

1. 延长导线法

利用补偿导线代替热电极,引到温度较稳定的 T_0 端测试。要求在一定的温度范围内,补偿导线与配对的热电偶具有相同或相近的热电特性。

2. 0℃恒温法

将热电偶冷端置于冰水混合物的 0℃恒温器内,使其工作与分度状态达到一致。

图 6-13 是延长导线法和 0℃恒温法的一个实例。

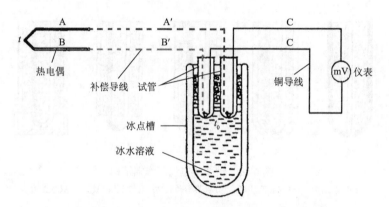

图 6-13　冷端处理的延长导线法和 0℃恒温法

3. 冷端温度修正法

一般常用热电势修正法。利用中间温度定律:

$$E_{AB}(T,0) = E_{AB}(T, T_n) + E_{AB}(T_n,0)$$

式中,T_n 为热电偶测温时的环境温度;$E_A(T, T_n)$ 为实测热电势;$E_{AB}(T_n, 0)$ 为冷端修正值。

例如:用铂铑 10-铂热电偶测温,参考冷端温度为室温 21℃,测得

$$E_{AB}(T,21) = 0.465 \text{ mV}$$

查表 $E_{AB}(21,0)$=0.119 mV,则 $E_{AB}(T,0)$=0.465 + 0.119 = 0.584 mV,查分度表 T=92℃。若直接用 0.465 mV 查表,则 T=75℃。但也不能将 75+21=96℃作为实际温度。

4. 冷端温度自动补偿法

(1)电桥冷端温度补偿法

原理：电桥输出电压 $U(t_0, 0) = E_{AB}(t_0, 0)$，自动补偿。

补偿电路：如图 6-14 所示，图中 R_1、R_2、R_3、R_W 为锰铜电阻，其阻值几乎不随温度变化，R_{Cu} 为铜电阻，其电阻值随温度升高而增大。当 $t_0 = 0{}^\circ\text{C}$ 时，$R_1 = R_2 = R_3 = R_{Cu}$，电桥输出 $U_{ab} = 0$，对热电偶电势无影响。当 $t_0 \neq 0{}^\circ\text{C}$ 时，$U_{ab} \neq 0$，$U_{ab} = U(t_0, 0) = E_{AB}(t_0, 0)$，热电偶的热电势得到自动补偿。

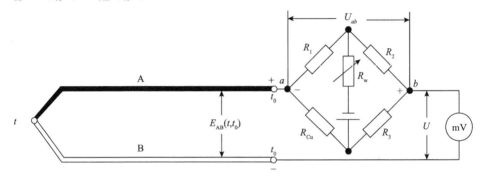

图 6-14　Cu 电阻电桥冷端温度补偿法电路图

除可用 Cu 电阻做桥臂补偿外，也可用 PN 结二极管做电桥。如图 6-15 所示，在热电偶和放大电路之间接入一个其中一个桥臂是由 PN 结二极管组成的直流电桥。这个直流电桥可用作冷端温度补偿器，电桥在 0{}^\circ\text{C} 时达到平衡(也有 20{}^\circ\text{C} 达到平衡)。当热电偶冷端温度升高时(>0{}^\circ\text{C})，热电偶回路电势 U_{ab} 下降，由于补偿器中，PN 结呈负温度系数，其正向压降随温度升高而下降，促使 2 端电势上升，其值正好补偿热电偶因自由端温度升高而降低的电势(不同分度号的热电偶配相应分度号的热电偶)，使 V_i 不变以达到补偿目的。

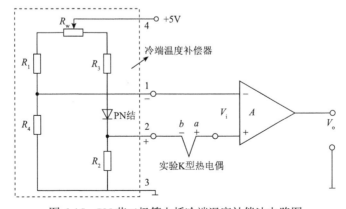

图 6-15　PN 节二极管电桥冷端温度补偿法电路图

（2）AD590 冷端温度补偿法

AD590 冷端温度补偿电路如图 6-16 所示。

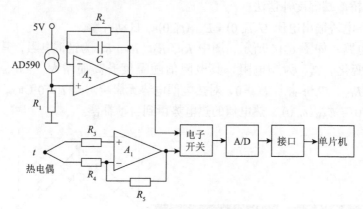

图 6-16　　AD590 冷端温度补偿电路

6.3.5　E 型热电偶的测温性能实验（基础实验）

1. 实验目的

掌握热电偶特别是 E 型热电偶的测温原理及方法和应用。

2. 需用器件与单元

浙江高联传感实验系统主机箱中的智能调节器单元、电压表、转速调节 0～24 V 电源、±15 V 直流稳压电源；温度源、Pt100 铂热电阻（温度控制传感器）、E 型热电偶（温度特性实验传感器）、温度传感器实验模板；压力传感器实验模板（作为直流 mV 信号发生器）。

3. 实验内容及步骤

E 型热电偶（镍铬-康铜热电偶），当偶丝直径为 3.2 mm 时其测温范围为 −200～+750℃，实验用的 E 型热电偶偶丝直径为 0.5 mm，测温范围−200～+350℃。由于实验用温度源温度<180℃，所以，由热电偶实际测温范围<160℃。

由热电偶的测温原理可知，热电偶测量的是测量端与参考端之间的温度差，因此必须保证参考端温度为 0℃时才能正确测量测量端的温度，否则存在着参考端所处环境温度值误差。

E 型热电偶的分度表（表 6-4）是定义在热电偶的参考端（冷端）为 0℃时热电偶输出的热电势与热电偶测量端（热端）温度值的对应关系。热电偶测温时要对参考

端(冷端)进行修正(补偿),计算公式为

$$E(t, t_0) = E(t, t_0') + E(t_0', t_0)$$

式中,$E(t, t_0)$ 为热电偶测量端温度为 t,参考端温度为 $t_0=0℃$ 时的热电势值;$E(t, t_0')$ 为热电偶测量温度为 t,参考端温度为 t_0' 且不等于 $0℃$,通常为室温时的热电势值;$E(t_0', t_0)$ 为热电偶测量端温度为 t_0' 即室温,参考端温度为 $t_0=0℃$ 时的热电势值。

例:用一支 E 型(镍铬–康铜)热电偶测量温度源的温度,工作时的参考端温度(室温) $t_0'=20℃$,而测得热电偶输出的热电势(经过放大器放大的信号,假设放大器的增益 $A=10$)43.9 mV,则 $E(t, t_0')=43.9/10=4.39$ mV,那么热电偶测得温度源的温度是多少呢?

解:由表 6.4 查得

$$E(t_0', t_0) = E(20,0) = 1.192 \text{ mV}$$

已测得

$$E(t, t_0') = 43.9/10 = 4.39 \text{ mV}$$

故

$$E(t, t_0) = E(t, t_0') + E(t_0', t_0) = 4.39 + 1.192 = 5.582 \text{ mV}$$

热电偶测量温度源的温度可以从分度表 6-4 中查出,与 5.582 mV 所对应的温度是 89℃。

具体实验内容和步骤如下所述。

1) 温度传感器实验模板放大器调零。通常热电偶输出的信号经放大器放大后再输入电压表测量。本实验实际使用温度传感器实验模板中的放大器由两部分组成:差动放大器作为一级放大,固定放大倍率但可调零电位的放大器作为二级放大。将温度传感器实验模板的差动放大器输入端短接并接地;二级放大输出接主机电压表。接好模块的电源接线,将主机箱上的电压表量程切换开关打到 2 V 挡,检查接线无误后合上主机箱电源开关。温度传感器实验模板中的 R_{w2}(增益电位器)顺时针转到底,再调节 R_{w3}(调零电位器)使主机箱的电压表显示为 0(零位调好后 R_{w3} 电位器旋钮位置不要再改动)。关闭主机箱电源。

2) 调节温度传感器实验模板放大器的增益 K 为 100 倍。利用压力传感器实验模板的零位偏移电压作为温度传感器实验模板放大器的输入信号,来确定温度传感器实验模板放大器的增益 K。将压力传感器模板差动放大器输入短接并接地,二级放大输出接电压表;压力放大器模板接上电源接线,检查接线无误后(尤其要注意实验模板的工作电源为±15 V),合上主机箱电源开关,调节压力传感器

实验模板上的 R_{w2}(调零电位器)，使压力传感器实验模板中的放大器输出电压为 0.010 V(用主机箱电压表测量)；再将 0.010 V 电压输入到温度传感器实验模板的差动放大器输入端；调节温度传感器实验模板中的增益电位器 R_{w2}(注意：不要误碰调零电位器 R_{w3})，使温度传感器实验模板放大器的输出电压为 1.000 V(增益调好后 R_{w2} 电位器旋钮位置不要再改动)。此时温度传感器实验模板放大器增益 $K=100$。关闭电源。

3) 测量室温值 t_0'。将 Pt100 铂热电阻 3 引线接入智能调节器上相应的输入端(注意不要接错线，同色线接上面两接线孔；不要用手抓捏 Pt100 铂热电阻测温端)，Pt100 铂热电阻放在桌面上。检查接线无误后，将调节器的控制对象开关拨到 Rt.Vi 位置后再合上主机箱电源开关和调节器电源开关。稍待 1 min 左右，记录下调节器 PV 窗显示的室温值(上排数码管显示值) t_0'，关闭调节器电源和主机箱电源开关。将 Pt100 铂热电阻插入温度源中。

4) 测量热电偶测室温(无温差)时的输出。将 E 型热电偶的信号线接入温度传感器实验模板的差动放大器的输入端(不要用手抓捏 E 型热电偶测温端)，热电偶放在桌面上。二级放大输出信号 V_{o2} 接入主机箱电压表中。实验模板接上电源接线。电压表的量程切换开关切换到 200 mV 挡，检查接线无误后，合上主机箱电源开关，稍待 1 min 左右，记录电压表显示值 V_o，计算 $V_o \div 100$，再查表 6-4 得 $\Delta t \approx 0°C$(无温差，输出为 0)。

5) 用电平移动法进行冷端温度补偿[实验步骤 3)]，记录下的室温值是工作时的参考端温度即为热电偶冷端温度 t_0'；根据热电偶冷端温度 t_0' 查表 6-4 E 型热电偶分度表可得到 $E(t_0', t_0)$，再根据 $E(t_0', t_0)$ 进行冷端温度补偿。将电压表量程切换开关切换到 2 V 挡，调节温度传感器实验模板中的 R_{w3}(电平移动)，使电压表显示 $V_o = E(t_0', t_0) \times A = E(t_0', t_0) \times 100$。冷端温度补偿调节好后不要再改变 R_{w3} 的位置，关闭主机箱电源开关。

6) 热电偶测温特性实验。保留步骤 4) 的接线，同时将 E 型热电偶插入温度源中。温度源上有两孔，其中一孔已插上 E 型热电偶，另一孔插上 Pt100 铂热电阻，并将其对应的引线接入主机箱智能调节模块上相应的接线孔中。温度源的加热电源线插头接入主机箱智能调节器模块的加热控制插座；智能调节器模块冷却风扇的 24 V "+" "−" 分别接入温度源的 24 V "+" "−"。将主机箱上的转速调节旋钮(0~24 V)顺时针转到底(24 V)，将调节器控制对象开关拨到 Rt.Vi 位置。检查接线无误后合上主机箱电源，再合上调节器电源开关和温度源电源开关，将温度源调节控制在 40°C(调节器参数的设置及使用和温度源的使用实验方法参阅附录 2——温度源控制介绍)，待电压表显示上升到平衡点时记录数据。

7) 温度源的温度在 40°C 的基础上，可按 $\Delta t = 10°C$(温度源为 40~150°C)增加温度并设定温度源温度值，待温度源温度动态平衡时读取主机箱电压表的显示值并填入自行设计的表格中。将调节器实验温度设置到 40℃，待温度源回到 40℃左右后实验结束。关闭所有电源。

8) 由 $E(t,t_0)=E(t,t_0')+E(t_0',t_0)=V_o/A$ 计算得到 $E(t,t_0)$，再根据 $E(t,t_0)$ 的值可以从表 6-4 中查到相应的温度值，并与实验给定温度 (即智能调节器显示的温度值) 对照 (注：热电偶一般应用于测量比较高的温度，不能只看绝对误差。如绝对误差为 8℃，但它的相对误差即精度 $\varDelta = \dfrac{8}{800} \times 100\% = 1\%$)。

6.3.6　K 型热电偶的测温性能及温度补偿实验 (综合实验)

1. 实验目的

掌握 K 型热电偶的测温原理及温度补偿方法和应用。

2. 需用器件与单元

浙江高联传感实验系统主机箱中的智能调节器单元、电压表、转速调节 0～24 V电源、±15 V 直流稳压电源；温度源、Pt100 铂热电阻 (温度控制传感器)、K 型热电偶 (温度特性实验传感器)、温度传感器实验模板；压力传感器实验模板 (作为直流 mV 信号发生器)；冷端温度补偿器、补偿器专用 +5 V 直流稳压电源。

3. 实验内容及步骤

本实验用的 K 型热电偶偶丝直径为 0.5 mm，测温范围 0～800℃。由于温度源温度 <180℃，所以热电偶实际测温范围 <160℃。

由热电偶的测温原理可知，热电偶测量的是测量端与参考端之间的温度差，所以必须保证参考端温度为 0℃时才能正确测量测量端的温度，否则存在着参考端所处环境温度值误差。

K 型热电偶的分度表 6-3 是定义在热电偶的参考端 (冷端) 为 0℃时热电偶输出的热电动势与热电偶测量端 (热端) 温度值的对应关系。热电偶测温时要对参考端 (冷端) 进行修正 (补偿)，计算公式：

$$E(t,t_0)=E(t,t_0')+E(t_0',t_0)$$

式中，$E(t,t_0)$ 为热电偶测量端温度为 t，参考端温度为 $t_0=0℃$ 时的热电势值；$E(t,t_0')$ 为热电偶测量温度 t，参考端温度为 t_0' 不等于 0℃时的热电势值；$E(t_0',t_0)$ 为热电偶测量端温度为 t_0'，参考端温度为 $t_0=0℃$ 时的热电势值。

例：用一支分度号为 K 型 (镍铬-镍硅) 热电偶测量温度源的温度，工作时的参考端温度(室温) t_0'=20℃，而测得热电偶输出的热电势(经过放大器放大的信号，假设放大器的增益 A=10)为 32.7 mV，则 $E(t, t_0')$=32.7/10=3.27 mV，那么热电偶测得温度源的温度是多少呢？

解：由表 6-3 查得

$$E(t_0', t_0)=E(20,0)=0.798 \text{ mV}$$

已测得

$$E(t, t_0')=32.7/10=3.27 \text{ mV}$$

故

$$E(t, t_0)=E(t, t_0')+E(t_0', t_0)=3.27+0.798=4.068 \text{ mV}$$

热电偶测量温度源的温度可以从分度表 6-3 中查出，与 4.068 mV 所对应的温度是 100℃。

实验内容和步骤如下所述。

1)温度传感器实验模板放大器调零。通常热电偶输出的信号经放大器放大后再输入电压表测量。本实验实际使用温度传感器实验模板中的放大器由两部分组成：差动放大器作为一级放大，固定放大倍率但可调零电位的放大器作为二级放大。将温度传感器实验模板的差动放大器输入端短接并接地；二级放大输出接主机电压表。接好模块的电源接线，将主机箱上的电压表量程切换开关打到 2 V 挡，检查接线无误后合上主机箱电源开关。温度传感器实验模板中的 R_{w2}(增益电位器)顺时针转到底，再调节 R_{w3}(调零电位器)使主机箱的电压表显示为 0(零位调好后 R_{w3} 电位器旋钮位置不要再改动)。关闭主机箱电源。

2)调节温度传感器实验模板放大器的增益 K 为 100 倍。利用压力传感器实验模板的零位偏移电压作为温度传感器实验模板放大器的输入信号来确定温度传感器实验模板放大器的增益 K。将压力传感器模板差动放大器输入短接并接地，二级放大输出接电压表；压力放大器模板接上电源接线，检查接线无误后(尤其要注意实验模板的工作电源为±15 V)，合上主机箱电源开关，调节压力传感器实验模板上的 R_{w2}(调零电位器)，使压力传感器实验模板中的放大器输出电压为 0.010 V(用主机箱电压表测量)；再将 0.010 V 电压输入到温度传感器实验模板的差动放大器输入端；调节温度传感器实验模板中的增益电位器 R_{w2}(注意：不要误碰调零电位器 R_{w3})，使温度传感器实验模板放大器的输出电压为 1.000 V(增益调好后 R_{w2} 电位器旋钮位置不要再改动)。此时温度实验模板放大器增益 K=100。关闭电源。

3)测量室温值 t_0'。将 Pt100 铂热电阻 3 引线接入智能调节器上输入端(注意：

不要接错线,同色线接上面两接线孔;不要用手抓捏 Pt100 铂热电阻测温端),Pt100 铂热电阻放在桌面上。检查接线无误后, 将调节器的控制对象开关拨到 Rt.Vi 位置后再合上主机箱电源开关和调节器电源开关。稍待 1 min 左右, 记录下调节器 PV 窗显示的室温值(上排数码管显示值)t_0', 关闭调节器电源和主机箱电源开关。

4) 热电偶测室温(无温差)时的输出。将 K 型热电偶的信号线接入温度传感器实验模板的差动放大器的输入端(不要用手抓 K 型热电偶的测温端), 热电偶放在桌面上。二级放大输出信号 V_{o2} 接入主机箱电压表中。实验模板接上电源接线。电压表的量程切换开关切换到 200 mV 挡, 检查接线无误后, 合上主机箱电源开关, 稍待 1 min 左右, 记录电压表显示值 V_o, 计算 $V_o \div 100$, 再查表 6-3 得 $\Delta t \approx 0$℃ (无温差，输出为 0)。

5) 电平移动法进行冷端温度补偿[实验步骤 3) 中记录下的室温值是工作时的参考端温度, 即为热电偶冷端温度 t_0'；根据热电偶冷端温度 t_0', 查表 6-3 K 型热电偶分度表得到 $E(t_0',t_0)$, 再根据 $E(t_0',t_0)$ 进行冷端温度补偿]。将电压表量程切换开关切换到 2 V 挡, 调节温度传感器实验模板中的 R_{w3}(电平移动), 使电压表显示 $V_o = E(t_0',t_0) \times A = E(t_0',t_0) \times 100$。冷端温度补偿调节好后不要再改变 R_{w3} 的位置, 关闭主机箱电源开关。

6) 热电偶测温特性实验。保留步骤 4) 的接线, 同时将 K 型热电偶插入温度源中。温度源上有两孔, 其中一孔已插上 K 型热电偶, 另一孔仍插上 Pt100 铂热电阻, 并将其对应的引线接入主机箱智能调节模块上相应的接线孔中。温度源的加热电源线插头接入主机箱智能调节器模块的加热控制插座；智能调节器模块冷却风扇的 24 V "+" "−" 分别接入温度源的 24 V "+" "−"。将主机箱上的转速调节旋钮(0~24 V)顺时针转到底(24 V), 将调节器控制对象开关拨到 Rt.Vi 位置。检查接线无误后合上主机箱电源, 再合上调节器电源开关和温度源电源开关, 将温度源调节控制在 40℃(调节器参数的设置及使用和温度源的使用实验方法参阅附录 2——温度源控制介绍), 待电压表显示上升到平衡点时记录数据。

7) 温度源的温度在 40℃ 的基础上, 可按 $\Delta t = 10$℃(温度源在 40~150℃ 范围内)增加温度, 设定温度源温度值, 待温度源温度动态平衡时读取主机箱电压表的显示值并填入自行设计的表格中。将调节器实验温度设置到 40℃, 待温度源回到 40℃ 左右后实验结束。关闭所有电源。

8) 由 $E(t,t_0) = E(t,t_0') + E(t_0', t_0) = V_o/A$ 计算得到 $E(t,t_0)$, 再根据 $E(t,t_0)$ 的值可以从表 6-3 中查到相应的温度值, 并与实验给定温度(即智能调节器显示的温度值)对照(注：热电偶一般应用于测量比较高的温度, 不能只看绝对误差。如绝对误差为 8℃, 但它的相对误差即精度 $\Delta = \dfrac{8}{800} \times 100\% = 1\%$)。

9) 检测冷端补偿器。热电偶测温时, 它的冷端往往处于温度变化的环境中,而它测量的是热端与冷端之间的温度差，因此要进行冷端补偿。步骤 5) 中采用的是电平移动法，也就是计算法。但这种方法对冷端温度不变的情况是有效的。但实际上，热电偶在测温阶段冷端的温度可能会发生变化，常用的补偿方式为电桥补偿法。

冷端补偿器外形为一个小方盒，有 4 个引线端子，4、3 接 +5 V 专用电源，2、1 输出补偿热电势信号；它的内部是一个不平衡电桥，图 6-15 中的虚线框所示，图中 R_w 可调节热电偶冷端温度起始时的热电势值，利用二极管的 PN 结特性自动补偿冷端温度的变化。将冷端补偿器的专用电源插头插到主机箱侧面的交流 220 V 插座上 (相当于 4、3 引脚接专用 5 V 电源)，将 2、1 输出接入温度传感器实验模板的差动放大器的输入端，冷端补偿器放在桌面上。二级放大输出信号 V_{o2} 接入主机箱电压表中。实验模板接上电源接线。电压表的量程切换开关切换到 200 mV 挡，检查接线无误后，合上主机箱电源开关，稍待 1 min 左右，记录电压表表显示值 V_o。记录实验室的温度，并在表 6-3 中查出该温度下 K 型热电偶的输出，然后与 V_o 值比较。

10) 热电偶电桥补偿法。按图 6-15 接入冷端补偿器和 K 型热电偶，检查接线无误后合上主机箱电源开关，再合上调节器电源开关和温度源电源开关，将温度源调节控制在 40℃ (调节器参数的设置及使用和温度源的使用实验方法参阅附录 2——温度源控制介绍)，待电压表显示上升到平衡点时记录数据。

11) 温度源的温度在 40℃ 的基础上，可按 $\Delta t = 10℃$ (温度源为 40~150℃) 增加温度，设定温度源温度值，待温度源温度动态平衡时，读取主机箱电压表的显示值并填入自行设计的表格中。将调节器实验温度设置到 40℃，待温度源回到 40℃ 左右后实验结束。关闭所有电源。

12) 由 $E(t,t_0) = E(t,t_0') + E(t_0', t_0) = V_o/A$ 计算得到 $E(t,t_0)$，再根据 $E(t,t_0)$ 的值从表 6-3 中查到相应的温度值并与实验给定温度值对照，计算误差。

第 7 章　气敏、湿度传感器

　　气敏传感器(gas sensor)也称气体传感器，是指可用来测量气体的类型、浓度和成分，能把气体中的特定成分检测出来，并将成分参量转换成电信号的器件或装置。湿度传感器(humidity sensor)可认为是一种特殊的气敏传感器，它由湿敏元件和转换电路等组成，是一种将环境湿度变换为电信号，用来检测水蒸气的装置。气敏传感器主要有半导体式、接触燃烧式和电化学式等多种类型，其中用得最多的是半导体气敏传感器。

7.1　气敏传感器的原理及实验

　　气体敏感元件有多种类型，但大多是以金属氧化物半导体为基础材料。金属氧化物半导体陶瓷气敏材料与被测气体接触，由于气体的吸附会引起材料电学性能的变化，以此检测特定气体及其浓度。流行的定性模型是：原子价控制模型、表面电荷层模型、晶粒间界势垒模型。在此不展开讨论，有兴趣的同学可自行查阅相关资料。

7.1.1　常见气敏传感器的结构和常见的测试过程

1. 气敏传感器的结构

　　一般的半导体气敏元件内部均有加热丝。加热丝既可用来烧灼元件表面油垢或污物，又可用来加速元件对被测气体的吸、脱作用。加热温度一般为 200～400℃。图 7-1 是气敏传感器的外形及其基本测量电路。

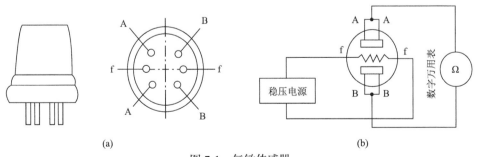

(a)　　　　　　　　　　　　　　　　　　　　(b)

图 7-1　气敏传感器

（a）气敏传感器的外形图；(b)基本测量电路

从图中可以看出，气敏传感器通常有两对引脚，即 4 个引脚。图 7-1 中 A 和 B 引脚是用于信号测量的，两个 f 引脚是接加热电源的。两对引脚间是相互绝缘的，内部结构示意图如图 7-2 所示。

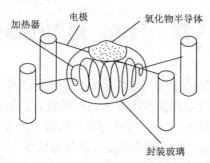

图 7-2 　半导体气敏传感器的内部结构示意图

有的气敏传感器将四个引脚简化为 3 个引脚，即将其中的两个引脚合二为一。如图 7-3 所示，R_L 既充当加热电阻，又充当输出电阻。如 TP-3 集成半导体气敏传感器，该传感器的敏感元件由纳米级 SnO_2（氧化锡）及适当掺杂混合剂烧结而成，具有微珠式结构，是对酒精敏感的电阻型气敏元件。当其受到酒精气体作用时，它的电阻值变化经相应电路转换成电压输出信号，输出信号的大小与酒精浓度对应。酒精浓度越高，气敏传感器电阻值越小，输出电压越大。

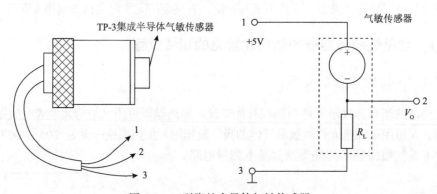

图 7-3 　三引脚的半导体气敏传感器

2. 气敏传感器的测试过程

半导体气敏传感器是利用待测气体与半导体表面接触时，产生的电导率等物理性质变化来检测气体的。实际检测气体时，加热器要通电，器件的电阻在加热器通电后会产生一系列变化，一般分为三个阶段，如图 7-4 所示。

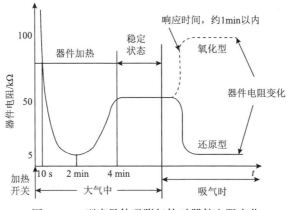

图 7-4　N 型半导体吸附气体时器件电阻变化

初始稳定期：由于器件加热前，器件保存环境各不相同，测试历史也不尽相同，因此器件在开始使用前可能吸附了不同的气体分子。在刚开始加热的过程中，这些吸附的气体逐渐挥发，器件的温度也逐渐趋于稳定，从而器件的电阻也逐渐稳定。器件经过一小段时间进入稳定电阻值的过程，称为初始稳定期。电阻值输出稳定后，就可进行测试了。

气敏响应：气敏元件接触被测气体而吸附被测气体分子，使器件的电阻值产生变化，当气体成分和浓度保持不变时，器件的电阻也会趋于稳定。对于 N 型半导体，多数载流子为电子，若将其置于氧化性气氛中，器件内的电子可能会被吸附的氧化性气体分子束缚而失去可移动性，从而使器件的电阻值增大；若将 N 型半导体置于还原性气氛中，被吸附的还原性气体分子内具有活性较高的电子，可能会向半导体内释放电子，从而使半导体内的载流子浓度增大，电阻减小。

复原性：测试结束，电阻值复原到洁净空气中保存状态的固有电阻值（$R_0=10^3\sim10^5$ Ω）。这一阶段未在图 7-4 中画出。

3. 半导体气敏元件的特性参数

(1)气敏元件的电阻值

将电阻型气敏元件在常温下洁净空气中的电阻值，称为气敏元件(电阻型)的固有电阻值，表示为 R_0。一般其固有电阻值在 $10^3\sim10^5$ Ω。工作电阻 R_s 代表气敏元件在一定浓度下检测气体时的阻值。

测定固有电阻值 R_0 时，要求必须在洁净空气环境中进行。由于经济、地理、环境的差异，各地区空气中含有的气体成分差别较大，即使对于同一气敏元件，在温度相同的条件下，在不同地区进行测定，其固有电阻值也都将出现差别。因此，必须在洁净的空气环境中进行测量。

(2)气敏元件的灵敏度

气敏元件的灵敏度是表征气敏元件对被测气体的敏感程度的指标。它表示气体敏感元件的电参量(如电阻型气敏元件的电阻值)与被测气体浓度之间的依从关系。灵敏度 K 常用电阻比表示：

$$K=R_s/R_0 \tag{7-1}$$

因为灵敏度 K 通常都不是常数，所以一般是给出 K 随浓度变化的关系图。

(3)气敏元件的响应时间

气敏元件的响应时间表示在工作温度下，气敏元件对被测气体的响应速度。一般从气敏元件与一定浓度的被测气体接触时开始计时，直到气敏元件的电阻值达到在此浓度下的稳定电阻值的 63%时为止，所需时间称为气敏元件在此浓度下被测气体中的响应时间，通常用符号 t_{res} 表示。

(4)气敏元件的恢复时间

气敏元件的恢复时间表示在工作温度下，被测气体在该元件上解吸的速度。一般从气敏元件脱离被测气体时开始计时，直到其阻值恢复到在洁净空气中阻值的 63%时为止，一般用 t_{rec} 表示。

(5)气敏元件的加热电阻和加热功率

气敏元件一般工作在 200℃以上高温。为气敏元件提供必要工作温度的加热电路的电阻(指加热器的电阻值)称为加热电阻，用 R_H 表示。直热式的加热电阻一般小于 5 Ω；旁热式的加热电阻大于 20 Ω。气敏元件正常工作所需的加热电路功率，称为加热功率，用 P_H 表示，一般为 0.5～2.0 W。

7.1.2　气敏传感器实验

1. 实验目的

掌握气敏传感器的原理及其使用方法。

2. 需用器件与单元

浙江高联传感实验系统主机箱电压表、+5 V 直流稳压电源；气敏传感器、酒瓶(内装少量含酒精液体)、数字万用表。

3. 实验和步骤

1)传感器电阻初始电阻值的测量。用万用表分别测出气敏元件的电阻值(引线

1 和引线 2 之间的电阻值 R_{12})和加热电阻(引线 2 和引线 3 之间的电阻值 R_{23});将引脚调换,重新测量 R_{12}、R_{23} 值,观察电阻值是否变化。

2)按图 7-3 电路示意图接线,注意传感器的引线号码。将信号输出接入主机箱电压表。将电压表量程切换到 20 V 挡。检查接线无误后合上主机箱电源开关,同时开始记录输出电压,每隔 30 s 记录一个数据。传感器通电较长时间(至少 5 min 以上,因传感器长时间不通电的情况下,内阻会很小,通电后 V_o 输出很大,不能即时进入工作状态)后才能工作。

3)直到传感器输出 V_o 较小(小于 1.5 V),且输出值变化很小或基本稳定时,拔下引线 1,用万用表欧姆挡测量 R_{12} 和 R_{23} 电阻值。记录电阻值后再将引线 1 接入 5 V 电源插孔。

4)至电压表输出再次稳定后,将传感器气体接触端面置于酒瓶瓶口,液体中的酒精会挥发进入传感器内,观察并记录电压表读数随时间的变化,每隔 10 s 记录一个数据,填入自行设计的表格中,直至输出基本稳定为止。

5)将传感器从酒瓶瓶口移开,并盖上酒瓶。同时记录电压表输出的变化,每隔 10 s 记录一个数据,填入自行设计的表格中,直至输出基本稳定为止。实验完毕,关闭电源。

6)利用所测电阻值和输出电压值等计算出气体敏感元件的电阻值 R_{12},相应的计算公式请自行推导。将计算所得电阻值 R_{12} 和时间 t 之间的关系绘出,并根据图形计算气敏元件的响应时间 t_{res} 和恢复时间 t_{rec}。

7)有兴趣的同学可以尝试用气敏传感器鉴别不同的酒,以及比较白酒酒精含量的高低。

7.2　湿度传感器的原理及实验

在一些特殊行业,对湿度要求较高。例如,纺织行业车间湿度太低纱线易断;电子行业车间湿度太低容易产生静电;烟草行业湿度太高容易产生霉变。湿度传感器广泛应用于气象、军事、工业(特别是纺织、电子、食品、烟草工业)、农业、医疗、建筑、家用电器及日常生活等各种场合的湿度监测、控制与报警。

7.2.1　湿度及湿度传感器的特性和分类

1. 湿度的定义及其表示方法

湿度是表示大气干燥程度的物理量。在一定的温度下在一定体积的空气里含有的水汽越少,则空气越干燥;水汽越多,则空气越潮湿。空气的干湿程度叫做

"湿度"。在此意义下，常用绝对湿度、相对湿度及露点等物理量来表示。

（1）绝对湿度

单位体积的空气中含有的水蒸气的质量叫作绝对湿度（absolute humidity，AH）。由于直接测量水蒸气的密度比较困难，因此通常都用水蒸气的压强，即水汽压（曾称为绝对湿度）表示，是指空气中水蒸气部分的压强，单位以百帕（hPa）为单位，取一位小数。空气的绝对湿度并不能决定地面上水蒸发的快慢和人对潮湿程度的感觉。

$$\rho_V = m_V / V \ (\text{mg/m}^3) \tag{7-2}$$

式中，m_V 为被测空气中水蒸气的质量；V 为被测空气的体积。

（2）相对湿度

在湿蒸汽中水蒸气的重量占饱和水蒸气总重量（体积）的百分比，称为蒸汽的相对湿度（relative humidity，RH）。常用 RH 表示：

$$\text{RH} = (\rho_V / \rho_W)_T \times 100\% \tag{7-3}$$

式中，ρ_W 为同温度下的饱和水蒸气密度。不同温度下的 ρ_W 不同，通常随着温度的升高，ρ_W 增大。同样成分的含水蒸气的空气，在加热温度升高后，绝对湿度没有变化，但相对湿度会显著减小。人体感觉舒适的湿度是：相对湿度低于70%，高于30%。

（3）露点

露点（dew point）又称露点温度（dew point temperature），在气象学中是指在固定气压之下，空气中所含的气态水达到饱和而凝结成液态水时所需要降至的温度。在这个温度下，凝结的水飘浮在空中称为雾；沾在固体表面上则称为露，因而得名露点。显然绝对湿度越大，露点温度越高。

2. 湿度传感器的基本原理和分类

（1）水分子亲和力型湿度传感器

湿敏材料吸附（物理吸附和化学吸附）水分子后，其电气性能（电阻、电介常数、阻抗等）发生变化。用湿敏材料可做成湿敏电阻、湿敏电容等湿度传感器。

根据水分子易于吸附在固体表面渗透到固体内部的这种特性（称水分子亲和力），湿度传感器可以分为水分子亲和力型和非水分子亲和力型。常用的湿度传感器是集成湿度传感器。传感器的敏感元件多采用的是属水分子亲和力型中的高分子材料湿敏元件（湿敏电阻）。其结构采用具有感湿功能的高分子聚合物（高分子膜）涂敷在带有导电电极的陶瓷衬底上，高分子膜表面水分子的存在会影响高分子膜内部导电离子的迁移率，因此阻抗随相对湿度变化而成对数变化。湿敏元件的结构如图 7-5 所示。

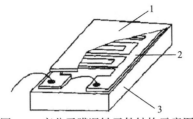

图 7-5　高分子膜湿敏元件结构示意图

1. 感湿层；2. 电极；3. 基片

由于湿敏元件的阻抗随相对湿度变化成对数变化，一般应用时都经放大处理转换电路，将对数变化转换成相应的线性电压信号输出，以制成湿度传感器模块形式(集成湿度传感器)。湿度传感器的实物及原理框图如图 7-6 所示。

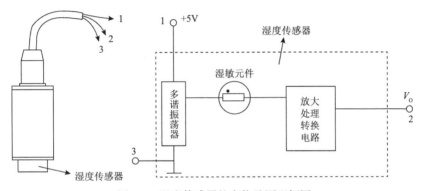

图 7-6　湿度传感器的实物及原理框图

从图 7-6 中可以看出，集成湿度传感器有 3 条引线，引线的接法和一般的气敏传感器相似。和气敏传感器不同的是，湿度传感器的内部电路更复杂些，有放大处理和转换电路，可将本来不是线性输出的特性转换为线性相关输出。典型的输出电压-相对湿度曲线如图 7-7 所示。

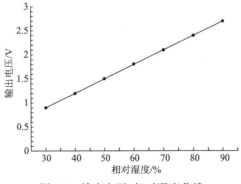

图 7-7　输出电压-相对湿度曲线

(2)非水分子亲和力型湿度传感器

利用物理效应的湿度传感器。包括热敏电阻式、红外吸收式、超声波式和微波式湿度传感器。

3. 湿敏元件的主要特性参数

(1)湿度量程

湿度量程：即感湿范围。理想情况：RH 为 0%～100%；一般情况：RH 为 5%～95%。

(2)感湿特性曲线

感湿特征量：由湿度变化所引起的传感器的输出量(电阻、电容、电压、频率等)。

感湿特性曲线：感湿特征量与环境湿度的关系。一般要求：全量程连续、线性、斜率适当。

(3)感湿灵敏度

在一定湿度范围内，当相对湿度变化为 1%时，其感湿特征量的变化值或变化百分率。

由于湿度传感器感湿特性曲线的非线性，所以其灵敏度表示困难。目前湿敏电阻灵敏度表示为：$R_{1\%}/R_{20\%}$，$R_{1\%}/R_{40\%}$，$R_{1\%}/R_{60\%}$，$R_{1\%}/R_{80\%}$，$R_{1\%}/R_{100\%}$，其中 $R_{1\%}$、$R_{20\%}$、$\cdots$、$R_{100\%}$ 分别表示相对湿度分别为 1%、20%、$\cdots$、100%时湿敏电阻相应的电阻值。

(4)响应时间——湿度传感器的动态响应特性

湿度传感器响应相对湿度变化量的 63.2%所需要的时间，可分为吸湿响应时间 t_{dam} 和脱湿响应时间 t_{dry}。

7.2.2　湿度传感实验

1. 实验目的

掌握湿度传感器的原理及其使用方法。

2. 需用器件与单元

浙江高联传感实验系统主机箱电压表、+5 V 直流稳压电源；湿度传感器、水瓶(内装少量水)、数字万用表。

3. 实验和步骤

1)按图 7-6 示意接线，将 V_o 接入主机箱电压表。注意传感器的引线号码。

2)将电压表量程切换到 20 V 挡,检查接线无误后,合上主机箱电源开关,传感器通电预热 5 min 以上,待电压表显示稳定后即为环境湿度所对应的电压值(查输出电压–相对湿度曲线得环境湿度)。

3)将传感器气体接触端面置于水瓶瓶口,水分子会挥发进入传感器,观察并记录电压表读数随时间的变化,每隔 10 s 记录一个数据,填入自行设计的表格中,直至输出基本稳定为止。

4)将传感器从水瓶瓶口移开,盖上瓶口。往湿敏座中加入若干量干燥剂(不放干燥剂为环境湿度),将传感器放在湿敏座上,并将湿敏座口尽量封严实,观察电压表显示值的变化,每隔 10 s 记录一个数据,填入自行设计的表格中,直至输出基本稳定为止。

5)将传感器置于环境空气中,同时记录电压表输出的变化,每隔 10 s 记录一个数据,填入自行设计的表格中,直至输出基本稳定为止。实验完毕,关闭电源。

6)利用记录的电压值随时间的变化,由步骤 3)的数据作图后可计算出吸湿响应时间 t_{dam1},并根据图 7-7 可以计算出环境的相对湿度 RH_1 和水瓶口的相对湿度 RH_2;由步骤 4)的数据作图后可计算出湿度传感器的脱湿响应时间 t_{dry},并可计算出加入干燥剂后湿敏座内的相对湿度 RH_3;由步骤 5)的数据作图后可计算出湿敏元件的吸湿响应时间 t_{dam2},并可计算出环境的相对湿度 RH_4。

7)对计算所得结果进行比较,并分析产生差别的原因。

第8章　电光源及实验

利用电能做功产生可见光的光源叫电光源(electric light source)。电光源的转换效率高、电能供给稳定、控制和使用方便、安全可靠、可方便地用仪表计算耗能，故在其问世后一百多年中，很快得到了普及。它不仅成为人类日常生活的必需品，而且在工业、农业、交通运输、国防和科学研究中都发挥着重要作用。

人类对电光源的研究始于18世纪末。19世纪初，英国的H.戴维发明了碳弧灯。1879年，美国的T.A.爱迪生发明了具有实用价值的碳丝白炽灯，使人类从漫长的火光照明进入电气照明时代。1907年采用拉制的钨丝作为白炽体。1912年，美国的I.朗缪尔等对充气白炽灯进行研究，提高了白炽灯的发光效率并延长了寿命，扩大了白炽灯的应用范围。20世纪30年代初，低压钠灯研制成功。1938年，欧洲和美国研制出荧光灯，其发光效率和寿命均为白炽灯的3倍以上，这是电光源技术的一大突破。40年代高压汞灯进入实用阶段。50年代末，体积和光衰极小的卤钨灯问世，改变了热辐射光源技术进展滞缓的状态，这是电光源技术的又一重大突破。60年代开发了金属卤化物灯和高压钠灯，其发光效率远高于高压汞灯。80年代出现了细管径紧凑型节能荧光灯、小功率高压钠灯和小功率金属卤化物灯，逐渐统治照明领域的半导体光源(LED)使电光源进入了小型化、节能化和电子化的新时期。

全球照明用电(照明光源的耗电量)占总发电量的10%~20%。在中国，照明用电约占总发电量的10%。随着中国现代化发展速度的加快，照明用电量逐年上升，而电力增长率又不相适应，因此，研制、开发和推广应用节能型电光源已引起高度重视。

8.1　辐射度学与光度学的基础知识

以电磁波形式或粒子(光子)形式传播的能量，可以通过光学元件反射、成像或色散，这种能量及其传播过程称为光辐射。一般认为其波长在10 nm~1 mm，或频率在3×10^{16}~3×10^{11} Hz。一般按辐射波长及人眼的生理视觉效应将光辐射分成三部分：紫外辐射、可见光辐射和红外辐射。从可见光到紫外波段波长单位常用nm表示，在红外波段波长单位常用μm表示。波数的单位习惯用cm^{-1}表示。

辐射度学(radiometry)是研究电磁辐射能测量的一门科学。辐射度量是用能量单位描述光辐射能的客观物理量。

光度学(photometry)是研究光度测量的一门科学。光度量是光辐射能为平均人眼接受所引起的视觉刺激大小的度量。

8.1.1 辐射度学的基本概念

辐射度单位和光度单位是两套不同的体系。

辐射度单位体系中，辐通量(又称为辐射功率)或者辐射能是基本量，它是只与辐射客体有关的量。其基本单位是瓦特(W)或者焦耳(J)。辐射度学适用于整个电磁波段。光度单位体系是一套反映视觉亮暗特性的光辐射计量单位，被选作基本量的不是光通量而是发光强度，其基本单位是坎德拉(cd)。光度学只适用于可见光波段。

1. 辐射能

辐射能 Q_e 是以辐射形式发射或传输的电磁波(主要指紫外辐射、可见光辐射和红外辐射)能量。当辐射能被其他物质吸收时，可以转变为其他形式的能量，如热能、电能等。单位为焦耳(J)。

$$Q_e = nh\nu \tag{8-1}$$

式中，n 为光子数；辐射能 Q_e 为光源辐射出的所有光子的总能量。

2. 辐射通量

辐射通量 Φ_e 又称为辐射功率，是指以辐射形式发射、传播或接收的功率，它是单位时间内辐射出的辐射能量，其单位为瓦特(W)。

$$\Phi_e = \frac{\mathrm{d}Q_e}{\mathrm{d}t} \tag{8-2}$$

3. 辐射出射度

辐射出射度 M_e 是用来反映物体辐射能力的物理量，即辐射体单位面积向半球面空间发射的辐射通量。它通常是用来衡量面光源的基本参数，其单位为瓦特/米^2(W/m^2)。

$$M_e = \frac{\mathrm{d}\Phi_e}{\mathrm{d}A} \tag{8-3}$$

发光面积为 A 的光源向空间发射的总辐射通量可表示为

$$\varPhi_e = \int_A M_e \mathrm{d}A \tag{8-4}$$

4. 辐射强度

辐射强度 I_e 是用来衡量电光源的，指点辐射源在给定方向上发射的在单位立体角内的辐射通量，其单位为瓦特/球面度（W/sr）：

$$I_e = \frac{\mathrm{d}\varPhi_e}{\mathrm{d}\varOmega} \tag{8-5}$$

点光源在有限立体角 $\varOmega$ 内发射的辐射通量为

$$\varPhi_e = \int_\varOmega I_e \mathrm{d}\varOmega$$

5. 辐射亮度

辐射亮度 L_e 指面辐射源在某一给定方向上的辐射通量，其单位为瓦特/球面度·米^2[W/(sr·m^2)]。如图 8-1 所示。

$$L_e = \frac{\mathrm{d}I_e}{\mathrm{d}A\cos\theta} = \frac{\mathrm{d}^2\varPhi_e}{\mathrm{d}\varOmega\mathrm{d}A\cos\theta} \tag{8-6}$$

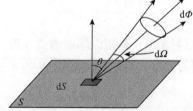

图 8-1　面元辐射亮度计算相关参数示意图

6. 辐射照度

辐射照度 E_e 指在辐射接收面上的辐照度，定义为照射在面元 $\mathrm{d}A$ 上的辐射通量与该面元的面积之比，其单位为瓦特/米^2（W/m^2）。

$$E_e = \frac{\mathrm{d}\varPhi_e}{\mathrm{d}A} \tag{8-7}$$

从公式的形式看，式(8-7)和式(8-3)是一样的，两者的单位也相同。但不要把辐射照度 E_e 与辐射出射度 M_e 混淆起来。虽然两者单位相同，但定义不一样。辐射照度是从物体表面接收辐射通量的角度来定义的，辐射出射度是从面光源表面发射辐射的角度来定义的。

7. 光谱辐射通量

单位波长间隔内对应的辐射通量，称为光谱辐射通量 $\Phi_{e\lambda}$，也叫辐射通量的光谱密度，它是辐射通量波长的变化率。光谱辐射通量与辐射通量之间满足如下关系：

$$\Phi_{e\lambda} = \frac{\mathrm{d}\Phi_e}{\mathrm{d}\lambda} \tag{8-8}$$

8.1.2 光度学的基本概念

光度学的基本物理量称为光度量。光度单位体系是一套反映视觉亮暗特性的光辐射计量单位，在光频区域内，光度学的物理量可以用与辐射度对应的基本物理量来表示，其定义完全一一对应。

与辐射度量体系不同，在光度单位体系中，被选作基本单位的不是光量或光通量，而是发光强度，其单位是坎德拉(cd)。坎德拉不仅是光度体系的基本单位，而且也是国际单位制(SI)的七个基本单位之一。

1. 光谱的光视效能和光谱的光视效率

光视效能是描述某一波长的单色光辐射通量可以产生多少相应的单色光通量。它是同一波长下测得的光通量与辐射通量的比值，其单位为流明/瓦特(lm/W)，即

$$K_\lambda = \frac{\Phi_{v\lambda}}{\Phi_{E\lambda}} \tag{8-9}$$

通过对标准光度观察者的实验测定，在辐射频率为 $540 \times 10^{12}\,\mathrm{Hz}$(即波长为 555 nm)处，$K_\lambda$ 有最大值，其数值为 $K_{max} = 683\,\mathrm{lm/W}$。

单色光的光视效率 V_λ 是 K_λ 用 K_{max} 归一化的结果，定义为

$$V_\lambda = \frac{1}{K_{max}} \frac{\Phi_{v\lambda}}{\Phi_{E\lambda}} \tag{8-10}$$

光谱光视效率与波长之间的关系图如图 8-2 所示。图中实线为人类的光谱光视效率，虚线是大多数鱼类的光谱视觉效率。

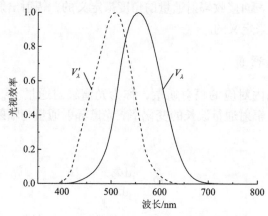

图 8-2　光谱光视效率与波长之间的关系图

2. 光度量与辐射度量之间的对应关系

以发光强度为例说明。发光强度是光度量，它和人眼视觉有关；辐射强度为辐射度量，不考虑人眼视觉影响。发光强度可表示为

$$I_v = \frac{\mathrm{d}\Phi_v}{\mathrm{d}\Omega} = \frac{\mathrm{d}\int \Phi_{v\lambda}\mathrm{d}\lambda}{\mathrm{d}\Omega} = \frac{\mathrm{d}\int k_\lambda \Phi_{e\lambda}\mathrm{d}\lambda}{\mathrm{d}\Omega} \tag{8-11}$$

其他对应物理量也可以用类似式(8-11)来导出，对应的光度量定义见表 8-1。

表 8-1　辐射度和光度物理量对应表

辐射度物理量				对应的光度量			
物理量名称	符号	定义或定义式	单位	物理量名称	符号	定义或定义式	单位
辐射能	Q_e	$\Phi_e = \mathrm{d}Q_e/\mathrm{d}t$	J	光量	Q_v	$Q_v = \int \Phi_v \mathrm{d}t$	lm·s
辐射通量	Φ_e	$M_e = \mathrm{d}\Phi_e\mathrm{d}S$	W	光通量	Φ_v	$\Phi_v = \int I_v \mathrm{d}\Omega$	lm
辐射出射度	M_e	$I_e = \mathrm{d}\Phi_e/\mathrm{d}\Omega$	W/m^2	光出射度	M_v	$M_v = \mathrm{d}\Phi_v/\mathrm{d}S$	lm/m^2
辐射强度	I_e	$L_e = \mathrm{d}I_e/(\mathrm{d}S\cos\theta)$	W/sr	发光强度	I_v	$I_v = \mathrm{d}\Phi_v/\mathrm{d}\Omega$	cd
辐射亮度	L_e	$E_e = \mathrm{d}\Phi_e/\mathrm{d}A$	W/(sr·m^2)	(光)亮度	L_v	$L_v = \mathrm{d}I_v/(\mathrm{d}S\cos\theta)$	cd/m^2
辐射照度	E_e	—	W/m^2	(光)照度	E_v	$E_v = \mathrm{d}\Phi_v/\mathrm{d}A$	lx

8.2　电光源的基础知识

8.2.1　电光源的分类和参数

1. 电光源的分类

电光源一般可分为照明电光源和辐射电光源两大类。照明电光源是以照明为目的，主要辐射为人眼视觉可见的光谱(波长 380～780 nm)，其规格品种繁多，功率从 0.1～20 000 W，产量占电光源总产量的 95%以上。辐射电光源包括紫外光源、红外光源和非照明用的可见光源。它不以照明为目的，除极少量非照明用的特殊可见光源外，辐射电光源能辐射大量紫外光(1～380 nm)或红外光(780～1×10⁶ nm)。

电光源还可以分为相干光源和非相干光源。大多数光源均为非相干光源。相干光源是通过激发态粒子在受激辐射作用下发光的光源，它输出的光波波长从短波紫外直到远红外，也称为激光光源。

照明电光源品种很多，按发光形式分为热辐射光源、气体放电光源和电致发光光源 3 类。①热辐射光源。电流流经导电物体，使之在高温下辐射光能的光源。包括白炽灯和卤钨灯两种。②气体放电光源。电流流经气体或金属蒸气，使之产生气体放电而发光的光源。气体放电有弧光放电和辉光放电两种，放电电压有低气压、高气压和超高气压 3 种。弧光放电光源包括：荧光灯、低压钠灯等低气压气体放电灯；高压汞灯、高压钠灯、金属卤化物灯等高强度气体放电灯；超高压汞灯等超高压气体放电灯，以及碳弧灯、氙灯、某些光谱光源等放电气压跨度较大的气体放电灯。辉光放电光源包括利用负辉区辉光放电的辉光指示光源和利用正柱区辉光放电的霓虹灯，两者均为低气压放电灯；此外还包括某些光谱光源。③电致发光光源。在电场作用下，使固体物质发光的光源。它将电能直接转变为光能。包括场致发光光源和发光二极管(LED)两种。

2. 电光源参数

色温(color temperature)是表示光源光色的尺度，单位为开尔文(K)。色温在摄影、录像、出版等领域具有重要应用。光源的色温是通过对比它的色彩和理论的热黑体辐射体来确定的。热黑体辐射体与光源的色彩相匹配时的热力学温度就是那个光源的色温，它直接和普朗克黑体辐射定律相联系。

色温是表示光源光谱质量最通用的指标，一般用 T_c 表示。色温是按绝对黑体来定义的，当绝对黑体的辐射和光源在可见光区的辐射色坐标完全相同时，此时黑体的温度就称为此光源的色温。低色温光源的特征，是能量分布中红辐射相对来说要多些，通常称为"暖光"；色温提高后，能量分布中蓝辐射的比例增加，通常称为"冷光"。一些常用光源的色温如下：标准烛光为 1930 K(热力学温度单位)；钨丝灯为 2760~2900 K；荧光灯为 3000 K；闪光灯为 3800 K；中午阳光为 5600 K；电子闪光灯为 6000 K；蓝天为 12000~18000 K。

亮度(luminance)是指发光体(或光源)表面发光(反光)强弱的物理量。人眼从一个方向观察光源，在这个方向上的光强与人眼所"见到"的光源面积之比定义为该光源的单位亮度，即单位投影面积上的发光强度。亮度的单位是坎德拉/米^2(cd/m^2)。亮度是人对光的强度的感受，它是一个主观的量。亮度也称明度，表示色彩的明暗程度。人眼所感受到的亮度是由色彩反射或透射的光亮所决定的。在一些电子产品如 LED 显示屏中，常有亮度参数(lightness)单位：cd/m^2 或 nit(尼特，1nit=1cd/m^2)。在绝大多数显示器中，出厂的设置基本为 100%亮度，因为亮度高让使用者对画面直观的感受会更好一些，然而长时间过高的亮度对视觉伤害是很大的。比较权威的说法是亮度为 120~150 cd/m^2 能在健康和视觉效果上得到一个折中点。市场上各大显示器知名品牌，如华硕、三星、LG、AOC 等，他们主流的 19 寸、22 寸显示器的亮度标称多为 300 cd/m^2，更大的尺寸亮度更高。内行的消费者在关注显示器亮度参数的时候也要考虑自己是否会使用那样高的亮度。

流明(lumen，lm)是描述光通量的物理单位，物理学解释为一烛光(cd，坎德拉 Candela，发光强度单位，1 cd 相当于一支普通蜡烛的发光强度)在一个单位立体角上产生的总发射光通量。考虑整个圆球的立体角为 4π，一烛光总发射的光通量为 4π(约 12.56) lm。任意大小的球的总立体角均为 4π，因此烛光的总光通量固定为 4π lm，不因距离变化而变化。

电光源的发光效率有时也称流明光效，是指 1 W 的电功率通过电光源转化的光通量流明数。如果所有的电能全部转换成 555 nm 的光，那就是 683 lm/W，这是所有电光源的流明光效极限！但如果有一半转换成 555 nm 的光，另一半变成热量损失了，那效率就是 341.5 lm/W。白炽灯能达到 20 lm/W 就很不错了，其余的都成为热量或红外线了。测量一个不规则发光体的光通量，要用到积分球，这比较专业和复杂。常见的电光源的流明光效为白炽灯 15~20 lm/W，日光灯 50~80 lm/W，钠灯约 120 lm/W，白光 LED 灯 80~160 lm/W。

8.2.2　钨丝灯的工作原理

钨丝灯是以钨丝作为灯丝制成的白炽灯。钨丝灯能产生连续光谱，用于 400~780 nm 可见光谱区。可用作分光光度计的可见光源。因其光谱有效区域可延伸至 3 μm，故也可用作近红外区的光源。

为了增加灯泡的使用寿命，可以加长钨丝的长度，让热能分布在更长的空间内。钨丝长度增加，热量散失加剧这会降低灯丝的温度，同时减少了灯丝的升华，也就延长了灯泡的寿命。但温度的降低会导致灯丝产生可见光的发光效率降低。灯泡变得较暗，需要较高功率的灯泡才能产生相同的亮度。

　　早期照相使用的闪光灯为了能产生更接近于太阳光的频谱，于是缩短了其灯丝长度，使其在更高的温度下工作，因此其工作寿命也就缩短为数小时(灯丝内加入的气体使产生的频谱相当于约 4500 ℃黑体的频谱——高于灯丝温度)。

　　溴钨灯(bromine tungsten lamp)又称为卤素灯，也是一种钨丝灯。它是可见光-近红外波段的理想光源，可对物质进行吸收光谱和荧光光谱分析的光源。

　　溴钨循环的过程是这样的：在适当的温度条件下，从灯丝蒸发出来的钨在泡壁区域内与溴反应，形成挥发性的溴钨化合物。由于泡壁温度足够高(250 ℃)，溴化合物呈气态，当溴钨化合物扩散到较热的灯丝周围区域时又分化为溴和钨。释放出来的钨部分回到灯丝上，而溴继续参与循环过程。

　　溴钨灯里的溴化氢可以在 200～1100 ℃的玻壳壁温下进行正常的溴钨循环，所以可以用来制作大功率高光效的电光源。溴清洁玻壳壁的效果比碘好，因此玻壳发黑的问题基本得到解决。溴化氢是无色透明的气体，不吸收可见光，比碘钨灯的发光效率高。溴钨灯里的气体对流不影响灯的寿命，使用时也不像碘钨灯一样一定要水平放置。在不少岗位上，溴钨灯已经取代了碘钨灯。溴钨灯发光体的形状多种多样，有点状、线状、面状。其中点状的溴钨灯工作温度和发光效率高，在光学仪器、电影放映、光刻等方面有广泛的应用。

8.2.3　气体光源的工作原理

　　气体光源是利用气体放电制成的光源。钠灯(sodium lamp)是一种典型的气体光源，它利用钠蒸气放电产生可见光。钠灯又分为低压钠灯和高压钠灯。低压钠灯的工作蒸气压不超过几帕。低压钠灯的放电辐射集中在 589.0 nm 和 589.6 nm 的两条双 D 谱线上，它们非常接近人眼视觉曲线的最高值(555 nm)，故其发光效率极高。高压钠灯的工作蒸气压大于 0.01 MPa。高压钠灯是针对低压钠灯单色性太强、显色性很差、放电管过长等缺点而研制的。高压钠灯结构示意图见图 8-3。

　　当灯泡启动后，电弧管或放电管两端电极之间产生电弧，由于电弧的高温

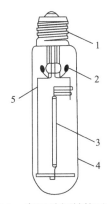

图 8-3　高压钠灯结构示意图
1. 灯头；2. 消气剂；3. 放电管；4. 外管；5. 芯柱线

作用使管内的钠汞剂受热蒸发成为汞蒸气和钠蒸气, 阴极发射的电子在向阳极运动的过程中, 撞击放电物质汞原子或钠原子, 使其获得能量产生电离激发, 然后由激发态恢复到稳定态; 或由电离态变为激发态, 再回到基态, 无限循环, 多余的能量以光辐射的形式释放, 便产生了光。高压钠灯中放电物质的蒸气压很高, 也即钠原子密度高, 电子与钠原子之间的碰撞次数频繁, 使共振辐射谱线加宽, 出现其他可见光谱的辐射, 因此高压钠灯的光色或显色性优于低压钠灯。

钠灯是一种高强度气体放电灯泡。由于气体放电灯泡的负阻特性, 如果把灯泡单独接到电网中, 其工作状态是不稳定的。在刚开始时, 其电阻较大, 随着放电过程继续, 电离生成的离子和电子越来越多, 电阻越来越小, 必将导致电路中电流上升。若不加限制, 光源或电路中的零部件最后会因过流被烧毁。

钠灯同其他气体放电灯泡一样, 工作是弧光放电状态, 伏安特性曲线为负斜率, 即当灯泡电流上升时, 灯泡电压下降。在恒定电源条件下, 为了保证灯泡稳定地工作, 电路中必须串联一个具有正阻特性的电路元件来平衡这种负阻特性, 稳定工作电流, 该元件称为镇流器或限流器。日常使用的荧光灯也是一样的道理。

8.2.4　发光二极管光源的原理

发光二极管(light emitting diode, LED), 它的基本结构就是一块电致发光的半导体材料。50 多年前人们已经了解半导体材料可产生可见光的基本知识, 第一个商用二极管产生于 1960 年。

LED 的本质是晶体二极管。与普通二极管一样, 它由一个 PN 结组成, 也具有单向导电性。当给发光二极管加上正向电压后, 从 P 区注入 N 区的空穴和由 N 区注入 P 区的电子(空穴和电子统称载流子), 在 PN 结附近数微米内复合, 产生自发辐射发光。不同的半导体材料中电子和空穴所处的能量状态不同, 复合时所发出光子的能量就不同。载流子复合时释放出的能量越多, 则发出的光波长越短。常用的是发红光、绿光或蓝光的二极管。发光二极管的反向击穿电压一般大于 5 V。它的正向伏安特性曲线很陡, 使用时必须串联限流电阻以控制通过二极管的电流。这也就是 LED 驱动通常采用电流驱动的原因。

20 世纪 60 年代所用的材料是 GaAsP, 发红光(λ_p=650 nm), 在驱动电流为 20 mA 时, 光通量只有千分之几个流明, 相应的发光效率约 0.1 lm/W。90 年代初, 发红光、黄光的 GaAlInP 和发绿、蓝光的 GaInN 两种新材料开发成功, 使 LED 光效大幅提高。在 2000 年, 前者做成的 LED 在红橙区域(λ_p=615 nm)光效达到 100 lm/W, 而后者制成的 LED 在绿色区域(λ_p=530 nm)的光效可以达到 50 lm/W 以上。2005 年后, 以蓝光 LED 芯片为基础的白光 LED 光效也可达到 100 lm/W 以上, 大有取代荧光灯的趋势。目前白光 LED 光效(最高可达 160 lm/W 左右)已经超过荧光灯, 正在很多照明领域逐渐替代荧光灯(气体光源)。

对于一般照明而言, 人们更需要白色的光源。白光 LED 是将 InGaN 芯片和钇铝石榴石(YAG)荧光粉封装在一起做成的。单晶片白光 LED 的常见结构如图 8-4 所示。

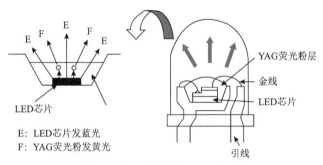

图 8-4 单晶片白光 LED 结构图

InGaN 芯片发蓝光, 高温烧结制成的含 Ce^{3+} 的 YAG 荧光粉受此蓝光激发, 发出黄光。蓝光 LED 基片安装在碗形反射腔中, 覆盖混有 YAG 荧光粉的树脂薄层, 树脂层厚 200~500 μm。LED 基片发出的蓝光部分被荧光粉吸收, 另一部分蓝光与荧光粉发出的黄光混合, 可以得到白光输出。对于 InGaN/YAG 白光 LED, 可通过改变 YAG 荧光粉的化学组成和调节荧光粉层的厚度获得色温为 3500~10000 K 的不同色调的白光。

8.2.5 半导体激光器的发光原理

半导体激光器(laser diode, LD)本质和 LED 相同, 是向半导体 PN 结注入较大的电流, 实现粒子数反转分布, 产生受激辐射, 再利用谐振腔的正反馈, 实现光放大而产生激光振荡的。谐振腔通常是利用晶体的两个相对解理面制成的。最简单的 LD 结构示意图见图 8-5。

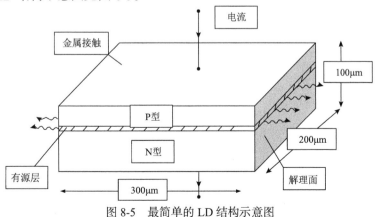

图 8-5 最简单的 LD 结构示意图

最简单的半导体激光器由一个薄有源层(厚度约 0.1 μm)、P 型和 N 型限制层构成的。若 PN 结为同质结,则电流很高才能起到增益效果,所以同质结 LD 通常难以在常温下连续工作。为了使载流子的复合限制在有源层,通常要求有源层两侧都有较高的势垒,所以 LD 通常采用双异质结(DH)结构。这种结构由三层不同类型的半导体材料构成。中间是一层厚为 0.1~0.3 μm 的窄带隙 P 型半导体,称为有源层;两侧分别为宽带隙的 P 型和 N 型半导体,称为限制层。三层半导体置于基片(衬底)上,前后两个晶体解理面作为反射镜构成法布里-珀罗(F-P)谐振腔。典型 DH 结构的 LD 原理图见图 8-5。

由于限制层的带隙比有源层宽,当施加正向偏压后,P 层的空穴和 N 层的电子注入有源层。即使加了一定的偏压,因为 P 层带隙比有源层宽得多,导带的能态比有源层高,对注入电子形成了势垒,N 层注入有源层的电子不可能扩散到 P 层。同理,P 层注入有源层的空穴也不可能扩散到 N 层。这样,注入有源层的电子和空穴被限制在厚 0.1~0.3 μm 的有源层内,极易形成粒子数反转分布。因此只要很小的外加电流,就可以使电子和空穴浓度增大而提高效益,如图 8-6 所示。

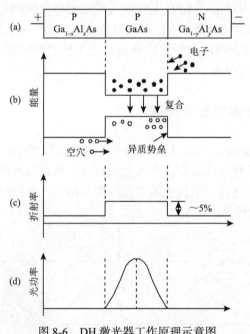

图 8-6　DH 激光器工作原理示意图

(a)双异质结构;(b)能带;(c)折射率分布;(d)光功率分布

在选材时,有源层的折射率通常比限制层高,在界面易产生全反射,从而使产生的激光被限制在有源区内,从而提高电光转换效率。

综上所述,DH 结构的 LD 输出激光的阈值电流较低,只需很小的散热体就能使之在室温连续工作。

8.2.6　半导体激光器的主要特性

半导体激光二极管的外加工作电压与驱动电流的关系可表述为：在电流达到阈值之前，流经二极管的电流和电压呈指数关系，与 LED 基本相同；当电流达到阈值后，流经二极管的电流同电压几乎为线性关系。在电流从零逐渐增加的过程中，一开始只是微弱的自发辐射，光功率缓慢增大；当驱动电流超过阈值电流 I_{th} 时，光功率随着注入电流急剧增加，见图 8-7。

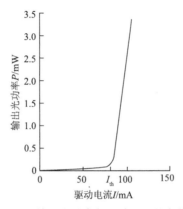

图 8-7　LD 输出光功率与驱动电流的变化关系

当驱动电流小于阈值电流时，LD 的发射光谱与 LED 光谱相似；当驱动电流大于阈值电流时，光谱出现很窄的尖峰。如图 8-8 所示。图中的横坐标为光谱的波长，纵坐标为光强。三条曲线由下往上是驱动电流逐渐增大的光谱。最上面的一条是驱动电流略大于阈值电流的情况。

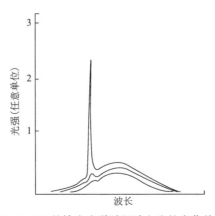

图 8-8　LD 的输出光谱随驱动电流的变化关系

8.3　光源测试实验

8.3.1　光源基础实验

1. 实验目的

掌握各种不同光源的发光特性，熟悉光源的使用和调节方法。

2. 实验器材

浙江高联实验系统主机箱、普通光源、LED 光源(含遮光筒)、半导体激光光源、各种滤光片、硅光电池照度计探头、三棱镜、商用照度计、万用表。

3. 实验内容和步骤

1)熟悉使用照度计。用照度计测量实验室当前环境下的照度。分别用各种滤光片和手遮挡照度计的入光面后，观察照度计示值的变化。

2)比较主机箱照度计和商用照度计的差别。安装好硅光电池照度计探头，并将硅光电池的信号输出接入主机箱照度计显示输入端。测量与步骤 1)相同的照明环境下(即分别用各种滤光片和手遮挡照度计的入光面后)，主机箱照度计的读数，并与商用照度计测量值比较。

3)关闭主控箱电源。按图 8-9 安装器件并连接电路。把普通光源的两个插孔

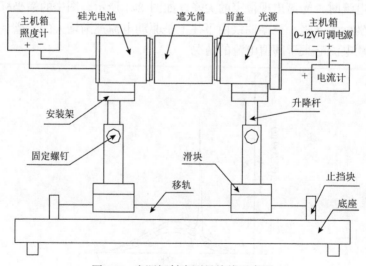

图 8-9　光源辐射度测量接线示意图

与主机箱 0～12 V 可调电源的两个插孔相连,逆时针调节可调电源旋钮到底。把主机箱的电压表输入端(+、−)分别与 0～12 V 可调电源的+、− 相连,监测可调电源的输出电压和电流的大小。打开电源,慢慢旋转可调电源旋钮,观测硅光电池检测的照度,并将相关数据记入自行设计的表格中(先确定普通光源的额定电压,从低于额定电压 3.5 V 开始,每上升 0.5 V 记录一个数据,到额定电压为止)。

4) 取下实验装置的遮光筒,旋下普通光源的前盖,分别旋上不同颜色的滤光片,装上遮光筒,调节灯泡两端电压至额定电压,分别测量不同滤光片下的照度。将所测数据填入自行设计的表格中。

5) 关闭主机箱电源,将普通光源撤下,换上 LED 或半导体激光器,光源的两个插孔 (+、−) 分别与主机箱 0～12 V 的可调电源的+、− 相连。根据灯珠的功率和额定电压等参数确定灯珠的额定电流 I_0。将可调电压旋钮旋至最小后,打开主机箱电源。逐渐增大可调电源,并监测光源流过的电流,从电流值约为 $I_0/10$ 开始,将所检测的电流和照度计的读数计入自行设计的表格中;电流每增大约 $I_0/10$ 记录一次数据,至接近额定电流为止。实验结束,关闭电源。

6) 根据步骤 3) 所测数据做出普通光源的端电压和亮度之间的关系曲线,并得到端电压和电光转化效率(输出光功率/光源的电功率)之间的关系。注意:虽然不知道光源的光功率或辐射通量的具体值,但辐射通量与照度计的读数成正比,因此可用照度计的读数代替辐射通量,只是单位不确定,可用 a.u.作为辐射通量的单位。

7) 根据步骤 5) 所测数据做出 LED 或半导体激光器的电流和亮度之间的关系曲线。

8) 拆开光源筒,观测光源的内部接线,并用万用表测出保护电阻的阻值,根据所测数据可以计算出步骤 5) 中不同驱动电流下 LED 或半导体激光器的输入电功率和电光转化效率,做出驱动电流和电光转化效率之间的关系图,以及驱动电流和光通量之间的关系图。

8.3.2 光源综合实验

1. 实验目的

掌握各种不同光源的发光特性,熟悉光谱仪的使用和调节方法。

2. 实验器材

光谱测量系统、普通光源、LED 光源(含遮光筒)、半导体激光光源、钠灯、聚光透镜、光具座、低压直流电源、电压表、电流表。

3. 实验内容和步骤

1) 熟悉光谱仪。仔细阅读光谱仪说明书，检查光谱仪的电源和控制接线，打开光谱仪电源，启动计算机后，打开光谱测试软件，对照说明书熟悉相应操作。

2) 打开光源电源(注意检查光源电源的电压和电流不能大于光源的额定电压和额定电流)，调节光源和光路，适当调节狭缝宽度，使光源发出的光能通过光谱仪的狭缝进入光谱仪中。

3) 调节光谱仪，使之能正确测出光谱。注意以下几各方面：①确认光谱仪的光探测器处于工作状态；②适当调节狭缝宽度，狭缝宽度和分辨率与探测灵敏度有一定关系；③调节探测器的扫描时间，通常扫描时间越长，灵敏度越高。

4) 调节光源(普通钨丝灯光源、LED 或 LD)的驱动电源，改变光源的驱动电流，测量不同驱动电流的光谱，并导出相应的光谱数据(特别注意光源的额定电压和额定电流，从电流值约为 $I_0/10$ 开始测量相应的光谱，电流每增大约 $I_0/10$ 测量一次光谱数据，至接近额定电流为止。实验结束，关闭电源。若增大驱动电流后光谱数据有溢出，可适当调节光源位置，使入射到光谱仪的光量减小，但要注意调节前后入射到光谱仪的光量的比例关系)。

5) 利用导出的数据做出光源在不同驱动电流下的光谱变化，并分析造成这种变化的原因(一般要求用计算机作图软件处理,将同种光源的近十条光谱曲线作在同一张图上,便于分析;建议使用 Origin 软件处理)。

第9章　光探测原理及实验

光电探测器(photo-electric detector)能把光信号转换为电信号。根据器件对辐射响应的方式不同或者器件工作的机制不同，光电探测器可分为两大类：一类是光子探测器；另一类是热探测器。光子探测器的工作原理是基于光电效应，热探测器的工作原理是基于材料吸收光辐射能量后温度升高，改变它的电学性能，它区别于光子探测器的最大特点是对光辐射的波长无选择性。热探测器将在后面的章节中讨论。

光子探测器根据外光电效应和内光电效应又分成两大类：光电子发射器件和内光电效应器件。内光电效应包括光电导效应和光生伏特效应，所以内光电效应器件又可分为两类：光电导器件如光电阻等，光伏器件如光电池、光电二极管、光电三极管等。

光电探测器在军事和国民经济的各个领域都有广泛用途。在可见光或近红外波段主要用于射线测量和探测、工业自动控制、光度计量等；在红外波段主要用于导弹制导、红外热成像、红外遥感等方面。

9.1　光电子发射器件原理及实验

光电子发射器件是利用外光电效应原理工作的。光电管与光电倍增管是典型的光电子发射器件。其主要特点是灵敏度高、稳定性好、响应速度快和噪声小，是一种电流放大器件。尤其是光电倍增管具有很高的电流增益，特别适合于探测微弱光信号，但它结构复杂、工作电压高、体积较大。尽管电荷耦合元件(change-coupled device，CCD)技术和互补金属氧化物半导体(complementary metal oxide semiconductor，CMOS)技术发展很快，在光探测领域的地位越来越强，但光电倍增管在微弱光信号探测领域仍然是主力器件。光电倍增管特别适用于辐射微弱而且对响应速度要求较高的场合，如人造卫星的激光测距仪、光雷达等。

9.1.1　外光电效应

当光线照射到某些物体表面时，物体内的电子逸出物体表面的现象称为外光电效应，也称为光电子发射，逸出的电子称为光电子。基于外光电效应的光电器件主要有光电管和光电倍增管。赫兹于1887年发现光电效应，爱因斯坦第一个成

功解释了光电效应。爱因斯坦提出光子学说，认为光子能量为

$$E=h\nu \tag{9-1}$$

式中，h 为普朗克常量，$h=6.626\times10^{-34}$ J·s；ν 为光的频率(s^{-1})。

光照射到物体表面，满足爱因斯坦光电方程：

$$h\nu = \frac{1}{2}mv_0^2 + A_0 \tag{9-2}$$

式中，m 为电子质量；v_0 为逸出电子的初速度；A_0 为物体的逸出功(或物体表面束缚能)。

光电效应具有以下基本规律。

1)不同的材料具有不同的红限频率和红限波长。红限频率 ν_0(又称光谱域值)：指刚好从物体表面打出光电子的入射光波频率，它随物体表面束缚能的不同而不同，与之对应的光波波长 λ_0(红限波长) 为

$$\lambda_0 = hc/A_0 \tag{9-3}$$

式中，h 为普朗克常量；c 为光速；A_0 为物体的逸出功。只有波长小于红限波长或频率大于红限频率的光子才能从物体表面打出光电子。

2)当入射光频谱成分不变时，产生的光电子(或光电流)与光强成正比。

3)逸出光电子具有初始动能 $E_k = \frac{1}{2}mv_0^2$，故外光电效应器件即使没有加阳极电压，也会产生光电流。为了使光电流为 0，必须加截止电压。

9.1.2　光电管工作原理和特性

1. 光电管的结构和工作原理

真空(或充气)玻璃泡内装两个电极：光电阴极和阳极，阳极加正电位，就形成了光电管，如图 9-1(a)所示。当光电阴极受到适当波长的光线照射发射光电子时，在中央带正电阳极的吸引下，光电子在光电管内形成电子流，在外电路中便产生光电流 I，如图 9-1(b)所示。

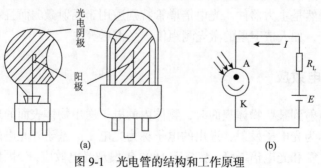

(a)　　　　　　　　　(b)

图 9-1　光电管的结构和工作原理

2. 光电管的特性

(1) 伏安特性

当入射光的频谱和光通量一定时,阳极电压与阳极电流之间的关系称为伏安特性。如图 9-2(a) 和 (b) 所示。

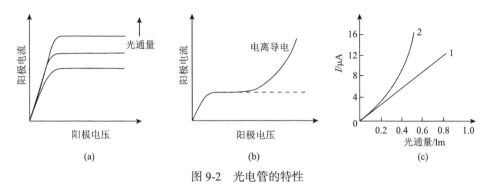

图 9-2　光电管的特性

(a) 真空光电管伏安特性;(b) 充气光电管伏安特性;(c) 光电管的光电特性

当入射光的频谱和光通量一定时,开始光电流随加速电压增加而增加,当加速电压增加到一定值后,光电流不再增加,这是因为在一定光照度下单位时间内所产生的光电子数目一定,而且这些电子在电场的作用下已全部跑出阳极,从而达到饱和。此时的光电流称饱和光电流,用 I_H 表示。对不同的光强,饱和光电流 I_H 与入射光强 i 成正比,如图 9-2(a) 所示。对一些充有气体的光电管,当电压太高时,管内电场太强,可能使气体分子电离,形成电导,如图 9-2(b) 所示。

(2) 光电特性

当光电管的阳极与阴极间所加电压和入射光谱一定时,阳极电流 I 与入射光在光电阴极上的光通量 Φ 之间的关系,如图 9-2(c) 所示。图中曲线 1 为真空光电管的光电特性,曲线 2 为充气光电管的光电特性。充气光电管中,电子流可能与气体分子碰撞产生新的载流子,导致电流加大。

(3) 光谱特性

同一光电管对于不同频率的光的灵敏度不同,如图 9-3 所示。这就是光电管的光谱特性。图 9-3(a) 中 $v_2 > v_1$。截止电压 U_0 和入射光频率 v 之间满足:

$$eU_0 = hv - A_0 \tag{9-4}$$

所以图 9-3(b) 为一条直线。

不同材料的红限波长和红限频率是不同的。常用的光阴极材料有锑铯材料(如 Cs_3Sb)、银-氧-铯材料和锑钾钠铯材料等。

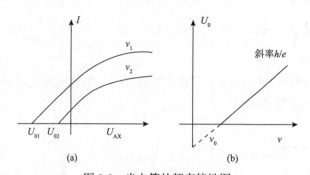

图 9-3　光电管的频率特性图

(a)不同频率光照下光电管的伏安特性；(b)截止电压与入射光频率的关系

锑铯材料阴极的红限波长 λ_0=0.7 μm，对可见光的灵敏度较高，转换效率可达 20%～30%。

银–氧–铯光电阴极常用于红外探测器，其红限波长 λ_0=1.2 μm，在近红外区 (λ 为 0.75～0.80 μm) 的灵敏度有极大值，对可见光灵敏度较低，但对红外线较敏感。

锑钾钠铯阴极光谱范围较宽(λ 为 0.3～0.85 μm)、灵敏度也较高，与人眼的光谱特性很接近，是一种新型光电阴极。

对紫外光源，常采用锑铯阴极和镁镉阴极。

光谱特性可用量子效率表示。一定波长入射光的光子射到物体表面上，该表面所发射的光电子平均数称为量子效率，用百分数表示，它直接反映物体对这种波长的光的光电效应的灵敏度。

9.1.3　光电倍增管工作原理和特性

1. 光电倍增管的结构和工作原理

光电倍增管的结构与真空光电管相似，所不同的是，在光电阴极和阳极之间多了若干倍增极。也就是说，光电倍增管就是一个由光电阴极、若干倍增极和阳极组成的真空管，如图 9-4 所示。

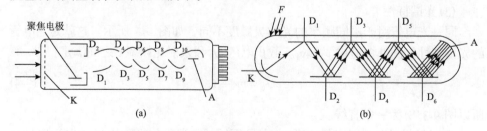

图 9-4　光电倍增管结构和工作原理示意图

(a)结构图；(b)原理图

原理：当光电倍增管工作时，在各倍增极（D_1、D_2、D_3……）和阳极均加上电压，并依次升高，阴极 K 电势最低，阳极 A 电势最高。入射光照射在阴极上打出光电子，经倍增极加速后，在各倍增极上打出更多的"二次电子"。如果一个电子在一个倍增极上一次能打出 σ 个二次电子，σ 称为倍增基数。一个光电子经 n 个倍增极后，最后在阳极会收集到 σ^n 个电子而在外电路形成电流。一般 $\sigma=3\sim6$，n 为 10 左右，所以光电倍增管的放大倍数很高。

光电倍增管工作的直流电源电压为 700～2000 V，相邻倍增极间电压为 50～100 V。

2. 光电倍增管的主要参数

（1）倍增系数 M

当各倍增极二次电子发射系数 $\sigma_i=\sigma$ 时，$M=\sigma^n$，则阳极电流为

$$I=i\sigma^n \tag{9-5}$$

式中，i 为光电阴极的光电流。

光电倍增管的电流放大倍数 β 为

$$\beta=I/i=\sigma^n \tag{9-6}$$

M 一般为 $10^5\sim10^8$，M 与所加电压有关，因倍增基数 σ 与电压有关。

（2）光电阴极灵敏度和光电倍增管总灵敏度

一个光子在阴极上能够打出的平均电子数称为光电阴极灵敏度，而一个光子在阳极上产生的平均电子数称为光电倍增管总灵敏度。显然光电阴极灵敏度和 σ 相关，总灵敏度和 M 相关，灵敏度随极间电压变化关系见图 9-5。注意，光电倍增管总灵敏度很高，切忌用强光源照射。

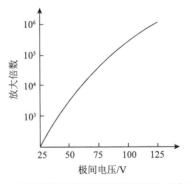

图 9-5　光电倍增管总灵敏度随极间电压变化关系

（3）暗电流和本底脉冲

在无光照射（暗室）的情况下，光电倍增管加上工作电压后形成的电流称为暗电流。

在光电倍增管阴极前面放一块闪烁体，便构成闪烁计数器。当闪烁体受到人眼看不见的宇宙射线照射后，光电倍增管有电流信号输出，这种电流称为闪烁计数器的暗电流，一般称为本底脉冲。闪烁计数器常用于测量各种电离辐射，如 β射线和 γ 射线等。

(4)光电倍增管的光谱特性

光电倍增管的光谱特性与同材料阴极光电管的光谱特性相似。

9.1.4 外光电效应实验

1. 实验目的

掌握光电效应的原理和爱因斯坦方程，并测量普朗克常量及光阴极材料的红限频率。

2. 实验装置

光电管、高压汞灯(带电源)、光电效应实验仪、导轨、滤光片(紫外线 365 nm，紫光 404.7 nm、蓝光 435.8 nm、绿光 546.1 nm、黄光 577 nm)、孔径光阑(2 mm、4 mm、8 mm)。

3. 实验内容和步骤

正式实验前把汞灯电源接通，出光口用盖子盖好。按实验装置图 9-6 摆好仪器，接好电路。根据实验内容自行设计表格。

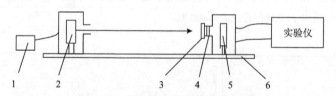

图 9-6　光电效应实验装置示意图

1. 高压汞灯电源；2. 高压汞灯；3. 滤光片；4. 孔径光阑；5. 光电管；6. 基座

(1)测量普朗克常量 h

1)将 4 mm 的光圈放在光电管的入射孔，放好 577 nm 的滤光片，电压调为 0 V，电压按键置于 -2~+2 V 挡，"电流量程"选择开关置于 10^{-13} A 挡。将测试仪电流输入电缆先断开，调零后重新接上。

2)记录此时的电流表读数，此时电压表的读数接近 0。

3)打开高压汞灯的盖子，电流表读数应变为正，盖上红色滤片之后电流表读数有所减小，减小电压(或反相增加电压)至光电流为 0，此时的电压即为红光对应的截止电压。

4)更换不同波长的滤光片，按照以上的方法测出相应波长下的截止电压，并将相应数据计入自行设计的表格中。由数据做出截止电压与入射光频率的关系图，并根据公式(9-4)计算普朗克常量 h。

(2)测量光电管的伏安特性曲线

1)将电压按键置于–2～+2 V 挡；将"电流量程"选择开关置于 10^{-13} A 挡位；将测试仪电流输入电缆线断开，调零后重新接上。

2)选用 4 mm 的孔径光阑及 546.1 nm 的滤光片，从略小于截止电压开始，逐渐增大电压，每隔约 0.15 V 测一个点。当电流较大时，若需更换电流表量程，更换量程后需重新进行调零；电压调高后，如在 U=2.4 V 后需更换电压表量程至–2～+30 V，也要再次调零。此时可逐渐增大数据点的间隔(每 0.3 V 一个)，测到 6 V 时止。

3)依次记录以上数据到自行设计的表格中，并且描绘出其变化曲线。

(3)入射光的强度与光电流大小的变化关系

1)将电压表量程置于–2～+30 V，将电压调到 5.0 V，电流表量程调至 10^{-11} A，将测试仪电流输入电缆线断开，调零后重新接上。

2)选取 546.1 nm 的滤光片，更换不同口径的孔径光阑以改变入射光的强度，并且记录孔径光阑口径与对应光电流的值，拟合口径面积与光电流的关系图像。

3)改变高压汞灯与光电管之间的距离，测出不同距离对应的光电流值，相应数据计入自行设计的表格中。根据所测数据做出光源距离与光电流的关系图。

(4)选做实验部分

分别改变波长(孔径光阑 4 mm，滤光片 365 nm)，改变孔径光阑直径(孔径光阑 2 mm，滤光片 546.1 nm)，按照实验(3)中的测量记录数据的方法，记录相应的数据，绘出不同距离对应不同光强的光电流响应曲线，并根据测量结果判断光电流与光强是否成正比。

9.2 光电导器件原理及实验

光电导器件是利用内光电效应原理工作的。也就是当有光照时，半导体内部产生光生载流子，导致器件电阻变化。利用具有光电导效应的半导体材料做成的光电探测器称为光电导器件，通常叫作光敏电阻。在可见光波段和大气透过的几个窗口，即近红外、中红外和远红外波段，都有适用的光敏电阻。光敏电阻被广泛地用于光电自动探测系统、光电跟踪系统、导弹制导、红外光谱系统等。

9.2.1　光电导器件原理

1. 光电导器件原理概述

光电导效应(photoconductive effects)，又称光敏效应，是由光照变化引起半导体材料电导变化的现象。光电导效应是两种内光电效应中的一种。当光照射到半导体材料时，材料吸收光子的能量，使非传导态电子变为传导态电子，引起载流子浓度增大，因而材料电导率增大。在光的作用下，半导体材料吸收入射光子的能量，若光子能量大于或等于半导体材料的禁带宽度，就可激发出电子-空穴对，使载流子浓度增加，即半导体的电导增加，电阻减小，这种现象称为光电导效应。光敏电阻就是基于这种效应的光电器件。

由于入射光子的能量通常要大于或接近材料带隙能量才能激发光生载流子，因此一定的材料只对应于一定的光谱才具有这种效应。对紫外线较灵敏的光敏电阻称为紫外光敏电阻，如硫化镉和硒化镉光敏电阻，用于探测紫外线。对可见光灵敏的光敏电阻称为可见光光敏电阻，如硒化铊、硫化铊、硫化铋及锗、硅光敏电阻，可用于各种自动控制系统，如光电自动开关门窗、光电计算器、光电控制照明、自动安全保护等。对红外线敏感的光敏电阻称为红外光敏电阻，如硫化铅、碲化铅、硒化铅等，可用于探测夜间或淡雾中能够辐射红外线的目标、红外通信、导弹制导等。

2. 附加电导率

无光照时，半导体样品的暗电导率为电子和空穴的迁移率的函数。设光生电子和光生空穴的浓度分别为 Δn 和 Δp，无光照时，半导体的电导率可表示为

$$\sigma_0 = q(n_0\mu_n + p_0\mu_p) \tag{9-7}$$

式中，q 为电子电量；n_0、p_0 为平衡载流子浓度；μ_n 和 μ_p 分别为电子和空穴的迁移率。在有光照情况下样品的电导率变为

$$\sigma = q(n\mu_n + p\mu_p) \tag{9-8}$$

式中，$n = n_0 + \Delta n$；$p = p_0 + \Delta p$。附加光电导 $\Delta\sigma$ 为

$$\Delta\sigma = q(\Delta n\mu_n + \Delta p\mu_p) \tag{9-9}$$

光电导的相对变化值为

$$\frac{\Delta\sigma}{\sigma_0} = \frac{\Delta n\mu_n + \Delta p\mu_p}{n_0\mu_n + p_0\mu_p} \quad\quad\quad (9\text{-}10)$$

对本征光电导有

$$\Delta n = \Delta p$$

令 $b = \dfrac{\mu_n}{\mu_p}$ ，则

$$\frac{\Delta\sigma}{\sigma_0} = \frac{(1+b)\Delta n}{bn_0 + p_0} \quad\quad\quad (9\text{-}11)$$

可以看出要得到相对高的光电导，应使 n_0 和 p_0 有较小的数值。对半导体本征吸收，$\Delta p = \Delta n$，但是并不是光生电子和光生空穴都对光电导有贡献。如对 P 型 Cu_2O，其征光电导主要来自光生空穴的贡献；对 N 型 CdS，其征光电导主要来自光生电子的贡献。也就是说，在本征光电导中，光激发的电子和空穴数是相等的，但是在它们复合消失之前，只有其中一种光生载流子（一般为多数载流子）有较长的时间为自由状态，而另一种往往会很快复合消失，这样形成 $\Delta n \gg \Delta p$ 或 $\Delta p \gg \Delta n$。

通常，N 型半导体的附加电导率应为

$$\Delta\sigma = \Delta n\mu_n q \quad\quad\quad (9\text{-}12a)$$

P 型半导体的附加电导率应为

$$\Delta\sigma = \Delta p\mu_p q \quad\quad\quad (9\text{-}12b)$$

除本征光电导外，杂质能级上的电子或空穴受光照激发也能产生光电导，但通常比本征光电导弱得多。

3. 定态光电导及其弛豫过程

定态光电导是指在恒定光照下产生的光电导。因为 μ_n 和 μ_p 在一定条件是固定的，所以光电导的变化反映了光生载流子的变化。

设 I 表示以光子数计算的光强度即单位时间通过单位面积的光子数，α 为样品的吸收系数，则单位时间单位体积内吸收的光能量（以光子数计）与光强成正比，即

$$-\frac{\mathrm{d}I}{\mathrm{d}x} = \alpha I \tag{9-13}$$

式中，αI 为单位体积内光子的吸收率，因此电子-空穴对的产生率为

$$Q = \beta I \alpha \tag{9-14}$$

式中，β 代表每吸收一个光子产生的电子-空穴对数，称为量子产额，每吸收一个光子产生一个电子-空穴对，则 $\beta = 1$，一般 $\beta < 1$。

设在某一时刻开始，用强度为 I 的光照射半导体表面，假设除激发过程外，不存在其他任何过程，经 t 秒时间后光生载流子浓度为 $\Delta n = \Delta p = \beta \alpha I t$。如果光强保持不变，光生载流子浓度将随 t 线性增大。但由于光激发的同时还存在复合过程，因此 Δn 和 Δp 不可能直线上升，光生载流子相对浓度随时间的变化关系如图 9-7 所示(光在 $t=0$ 时开始照射、在 $t=T$ 时停止照射)。在强度恒定的持续光照下，Δn 最后达到稳定值 Δn_s，这时附加电导率 $\Delta \sigma$ 也达到稳定值 $\Delta \sigma_s$，这就是定态光电导。显然，当达到定态光电导时，电子-空穴对的复合率等于产生率，即 $R = Q$。

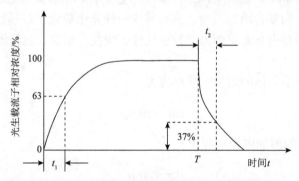

图 9-7　光生载流子相对浓度随时间的变化关系

设光生电子和空穴的寿命分别为 τ_n 和 τ_p，则定态光生载流子浓度为

$$\Delta n_s = \beta \alpha I \tau_n$$

$$\Delta p_s = \beta \alpha I \tau_p$$

因此定态光电导率为

$$\Delta \sigma_s = q \beta \alpha I (\mu_n \tau_n + \mu_p \tau_p) \tag{9-15}$$

定态光电导率与 μ、τ、β 和 α 四个参数有关，其中 β 和 α 表征光和物质的相互作用，决定着光生载流子的激发过程，而 τ 和 μ 表征载流子与物质之间的相

互作用，决定着载流子运动和非平衡载流子的复合过程。

光照经过一定时间后才能达到定态光电导率 σ_s；同样当光照停止后，光电流也是逐渐消失，如图 9-7 曲线后半段所示，光生载流子相对浓度在时刻 T 后(光停止照射后)逐渐下降。这种在光照下光电导率逐渐上升和光照停止后光电导率逐渐下降的现象，称为光电导的弛豫现象。

在讨论弛豫过程中，采用一种载流子起作用的情况，譬如对 N 型半导体，可假设 $\Delta p \approx 0$。对小注入情况，设 $t = 0$ 时开始光照，光强度为 I。在小注入时，光生载流子寿命 τ 是定值，复合率 R 等于 $\Delta n / \tau$。在光照过程中，Δn 的增加率应为

$$\frac{\mathrm{d}(\Delta n)}{\mathrm{d}t} = Q - R = \beta \alpha I - \frac{\Delta n}{\tau} \tag{9-16}$$

利用起始条件，$t = 0$，$\Delta n = 0$，得到

$$\Delta n = \beta \alpha I \tau \left(1 - \mathrm{e}^{-\frac{t}{\tau}} \right) \tag{9-17}$$

在小注入情况下，光生载流子浓度即光电导率按指数规律上升。当 $t \gg \tau$ 时，$\Delta n = \beta \alpha I \tau = \Delta n_s$，这就是光生载流子的定态值。

当光照停止后，$Q = 0$，决定光生载流子的方程为

$$\frac{\mathrm{d}\Delta n}{\mathrm{d}t} = -\frac{\Delta n}{\tau} \tag{9-18}$$

当 $t = 0$ 时，$\Delta n = \Delta n_s$，解方程(9-18)得

$$\Delta n = \beta \alpha I \tau \mathrm{e}^{-\frac{t}{\tau}} = \Delta n_s \mathrm{e}^{-\frac{t}{\tau}} \tag{9-19}$$

所以光照停止后，光电导率呈指数规律下降。小注入情况下，光电导率的上升函数为 $\Delta \sigma = \Delta \sigma_s (1 - \mathrm{e}^{-\frac{t}{\tau}})$，下降函数为 $\Delta \sigma = \Delta \sigma_s \mathrm{e}^{-\frac{t}{\tau}}$，两式为具有相同时间常数的指数函数，$\tau$ 称为弛豫时间。

9.2.2　光敏电阻的结构和特性

1. 光敏电阻的结构

光敏电阻由梳状电极和均质半导体材料制成，基于内光电效应，其电阻值随光照而变化。图 9-8 是常见的 CdS 光敏电阻的结构。

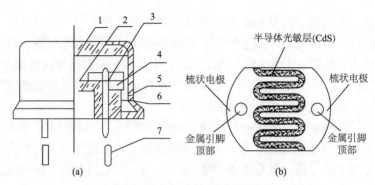

图 9-8　CdS 光敏电阻的结构

1. 玻璃；2. 光电导层；3. 电极；4. 绝缘衬底；5. 金属壳；6. 黑色绝缘玻璃；7. 引线

图 9-8(a) 为器件的立体结构，图 9-8(b) 是光接收端面的示意图。光敏半导体材料将上下梳状电极分开。管芯是一块安装在绝缘衬底上并带有两个欧姆接触电极的光电导体。光敏半导体吸收光子而产生的光电效应，通常只限于光照的表面薄层，虽然产生的载流子也有少数扩散到内部去，但扩散深度有限，因此光电导体一般都做成薄层。为了获得高的灵敏度，光敏电阻的电极一般采用梳状图案。这种梳状电极可有效增加光照灵敏面积，从而提高了光敏电阻的灵敏度。光敏电阻是纯电阻器件，具有很高的光电灵敏度，常用作光电控制。

2. 光敏电阻的主要特性参数

(1)暗电阻、亮电阻和光电流

暗电阻：光敏电阻在室温条件下无光照时具有的电阻值，称为暗电阻$(R>1 \text{ M}\Omega)$，此时流过的电流称为暗电流。

亮电阻：光敏电阻在一定光照下所具有的电阻称为在该光照下的亮电阻$(R<1 \text{ k}\Omega)$，此时流过的电流称为亮电流。

光电流：光电流=亮电流-暗电流。

(2)伏安特性

在一定光照度下，光敏电阻两端所加的电压与其光电流之间的关系，称为伏安特性。图 9-9 是 CdS 光敏电阻的伏安特性曲线。它是线性电阻，服从欧姆定律，但不同照度下具有不同的斜率。注意光敏电阻的功耗，使用时应保持适当的工作电压和工作电流。

(3)光照特性

在一定的偏压下，光敏电阻的光电流与光照强度之间的关系，称为光敏电阻的光照特性。图 9-10 是 CdS 光敏电阻的光照特性曲线，呈非线性，故其不宜作测量元件，一般在自动控制系统中作开关式光电信号传感元件。

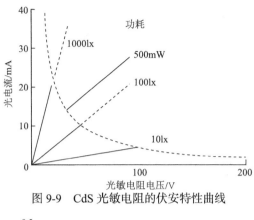

图 9-9 CdS 光敏电阻的伏安特性曲线

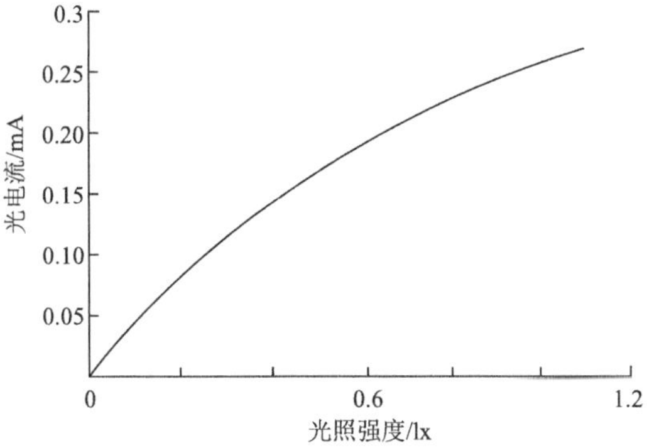

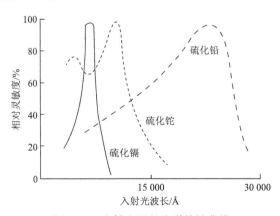

图 9-10 CdS 光敏电阻的光照特性曲线

(4) 光谱特性和频率特性

光谱特性表征光敏电阻对不同波长的光,其灵敏度不同的性质。光敏电阻的光谱特性如图 9-11 所示。如硫化镉在可见光段响应较好,硫化铅在可见光波段响应较弱,在红外波段响应较好。

图 9-11 光敏电阻的光谱特性曲线

　　光敏电阻在照射光强变化时，由于光电导的弛豫现象，其电阻的相应变化在时间上有一定的滞后，通常用响应时间表示。响应时间又分为上升时间 t_1 和下降时间 t_2，在 9.2.1 节中已讨论过该问题，如图 9-7 所示。

　　光敏电阻上升和下降时间的长短表示其对动态光信号响应的快慢，即频率特性，如图 9-12 所示。当光敏电阻的响应跟不上光调制速度时，其相对灵敏度就会变小。光敏电阻的频率特性不仅与元件的材料有关，而且还与光照的强弱有关。

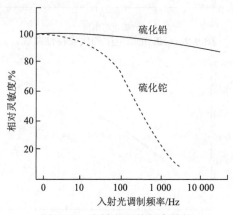

图 9-12　光敏电阻的频率特性

　　光敏电阻在制作时在加温、光照和加负载条件下经一至两周的老化处理后，其稳定性很好，使用寿命相当长，因此应用非常广泛。

9.2.3　光敏电阻特性实验

1. 实验目的

掌握光敏电阻的光谱响应特征、光照特性和伏安特性等基本特性。

2. 实验器材

浙江高联光电实验系统 CSY-2000G 主机箱、光源、滤光片、遮光筒、光电器件实验(一)模板、CdS 光敏电阻、照度计探头、照度计、万用表等。

3. 实验内容和步骤

(1)亮电阻和暗电阻的测量

按图 9-13 安装好普通光源和照度计探头及遮光筒，将主机箱的 0～12 V 可调电源与电流表串接后和普通光源的两个插孔相连，将可调电源的调节旋钮逆时针方向慢慢旋到底。将照度计探头的两个插孔与主机箱照度计输入端"+""–"相应连接。打开主机箱电源，顺时针方向慢慢增加 0～12 V 可调电源，监测光源的驱动电流(不得超过额定电流，否则易烧毁灯泡)，使主机箱照度计显示 100 lx。

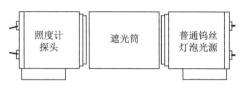

图 9-13　照度计探头和普通光源安装示意图

撤下照度计连线及探头，换上光敏电阻。将光敏电阻接入光电器件实验(一)模板上的光敏器件输入端口，接上电流表和电源。注意：只需+5 V 的稳压电源。

检查线路接线，接通电源，在光敏电阻与光源之间用遮光筒连接后，10 s 左右(可观察主机箱上的定时器)读取电流表(可选择电流表合适的 20 mA 挡)的值，该值为亮电流 $I_{亮}$。

拿开灯泡光源，用手直接遮挡遮光筒，使光不照到光敏电阻的光接收面；或者将光源的驱动电源调节旋钮逆时针方向慢慢旋到底，即将驱动电压调至 0 后，保证光源不发光。10 s 左右读取电流表(20 μA 挡)的值为暗电流 $I_{暗}$。

根据以下公式，计算亮阻和暗阻(照度为 100 lx、$U_{测}$ 为 5 V)

$$R_{亮}=U_{测}/I_{亮}, \qquad R_{暗}=U_{测}/I_{暗}$$

光敏电阻在不同的照度下有不同的亮阻和暗阻，在不同的测量电压($U_{测}$)下有不同的亮阻和暗阻。自行设计表格测量不同电压下的亮阻和暗阻。

(2) 光照特性的测量

光敏电阻的光电流随光照度的变化而变化，且它们之间的关系是非线性的。先确定光源的额定电流 I_0，逐渐增大光源的驱动电压并监测光源的驱动电流，调节光源驱动电流至 $I_0/10$ 时，记录流过光敏电阻的电流，并换用照度计测量光敏电阻接收光面受到的照度，将光源驱动电流、照度数据和光电流数据计入自行设计的表格中。每增加大约 $I_0/10$ 光源驱动电流测量并记录一次数据，至光源驱动电流约为额定电流时为止。根据所测数据做出光敏电阻的光电流随光照度的变化曲线图。

(3) 伏安特性的测量

在一定的光照强度下，光电流随外加电压的变化而变化。测量时，调节光源的驱动电源，使流过光源的电流为 $4I_0/5$。光敏电阻输入 0～5 V 可调电源，并对其进行调节 (由电压表监测)，在 1～5 V，每隔 0.5 V 测量流过光敏电阻的电流，并填入自行设计的数据表格中。调节光源的驱动电源,使流过光源的电流为 3 I_0/5 和 2 I_0/5,分别改变光敏电阻输入的可调电压,在 1~5 V,每隔 0.5 V 测量流过光敏电阻的电流,并填入自行设计的数据表格中。

根据所记录的数据,做出三条不同照度下光敏电阻的伏安特性曲线。

(4)光谱特性的测量

光敏电阻对不同波长的光,其接收的光灵敏度是不一样的,这就是光敏电阻的光谱特性。实验时的线路接法同图 9-13,在光路装置中先用照度计窗口对准遮光筒,然后撤下光源前盖,更换不同的滤光片,得到对应各种颜色的光。研究光谱特性时,需调节光源强度(调 0~12 V 电压),得到相同的照度(特别注意光源的驱动电流不可高于额定电流)。测量光敏电阻在某一固定工作电压(+5 V)、同一照度(如 30 lx)、不同波长(不同颜色滤片)时测量流过光敏电阻的电流值,将实验数据填入自行设计的表格中,并根据数据做出相应的光谱特性曲线。

9.3　光伏器件原理及实验

光伏器件是利用光生伏特效应做成的器件。光生伏特效应简称光伏效应(photovoltaic effect),指光照使不均匀半导体或不同类型半导体之间、半导体与金属结合的不同部位之间产生电势差的现象。首先它是由光子(光波)转化为光电子、光子能量转化为电子能量的过程;其次是形成电压的过程。光伏器件主要有光敏管(主要是光敏二极管和光敏三极管)和光电池两大类,光敏管工作通常要外加电源,光电池工作可不用加额外电源。

9.3.1　光敏二极管和光敏三极管的原理及特性

1. 光敏管的结构和工作原理

光敏管是光电二极管(也称光敏二极管)和光电三极管(也称光敏三极管)等的总称。为了避免和以外光电效应为基础的光电管混淆,通常称这类半导体光电二极(或三级)管为光敏管。

(1)光敏二极管

光敏二极管(photodiode)的基本结构是具有光敏特性的 PN 结,如图 9-14(a)所示。通常光敏二极管在正常工作时,对 PN 结要施加反偏电压,如图 9-14(b)所示。

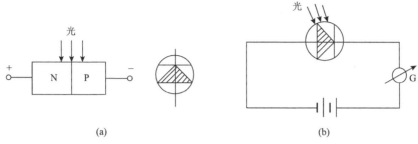

图 9-14　光敏二极管结构简化模型和基本工作电路

(a)结构简化模型；(b)基本工作电路

当无光照时，反向电阻很大，电路中仅有反向饱和电流，一般为 $10^{-8} \sim 10^{-9}$ A，称为暗电流，相当于光敏二极管截止；当有光照射在 PN 结上时，由于内光电效应，产生光生电子-空穴对，使少数载流子浓度大大增加，因此通过 PN 结的反向电流也随之增加，形成光电流，相当于光敏二极管导通；由于 PN 结耗尽区具有较强的电场，PN 结耗尽区产生的电子-空穴对将很快被扫到电场两极。相对而言，光敏二极管的响应速度要高于光敏电阻。入射光照度变化，光电流也变化。可见，光敏二极管具有光电转换功能，故又称为光电二极管。

光敏二极管在设计和制作时尽量使 PN 结区域(或感光区域)相对较大，以便接收入射光。

除普通的光敏二极管外，常用的还有 PIN 型光电二极管和雪崩光电二极管。

PIN 型光电二极管也称 PIN 结二极管、PIN 二极管，它是在两种半导体之间的 PN 结，或者半导体与金属之间的结的邻近区域，在 P 区与 N 区之间生成 I 型层，吸收光辐射而产生光电流的一种光检测器。它具有结电容小、渡越时间短、灵敏度高等优点。雪崩光电二极管(avalanche photodiode)是具有内部光电流增益的半导体光电子器件，又称固态光电倍增管。它应用光生载流子在二极管耗尽层内的碰撞电离效应而获得光电流的雪崩倍增。这种器件具有小型、灵敏、快速等优点，适用于微弱光信号的探测和接收，在光纤通信、激光测距和其他光电转换数据处理等系统中应用较广。

(2) PIN 型光电二极管

如图 9-15 所示，在 PN 结中间掺入一层浓度很低的 N 型半导体，就可以增大耗尽区的宽度，达到减小扩散运动的影响，提高响应速度的目的。

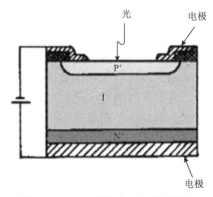

图 9-15　PIN 型光电二极管的结构

　　由于这一掺入层的掺杂浓度低，近乎本征半导体，因此称为 I 层，这种结构被称为 PIN 型光电二极管。I 层较厚，几乎占据了整个耗尽区。绝大部分的入射光在 I 层内被吸收并产生大量的电子-空穴对。在 I 层两侧是掺杂浓度很高的 P 型和 N 型半导体，P 层和 N 层很薄，吸收入射光的比例很小。因而光产生电流中漂移分量占了主导地位，这就大大加快了响应速度。

　　本征层的引入明显增大了耗尽层的厚度，这有利于缩短载流子的扩散过程。耗尽层的加宽也可以显著减少结电容，从而使电路常数减小，同时耗尽层加宽还有利于对长波区的光吸收。性能良好的 PIN 型光电二极管，扩散和漂移时间一般在 10^{-10} s 量级，频率响应在千兆赫兹量级。实际应用中决定光电二极管频率响应的主要因素是电路的时间常数。

　　(3)雪崩光电二极管

　　当一个半导体二极管加上足够高的反向偏压时，在耗尽层内运动的载流子就可能因碰撞电离效应而获得雪崩倍增。人们最初在研究半导体二极管的反向击穿机制时发现了这种现象。当载流子的雪崩增益非常高时，二极管进入雪崩击穿状态；在此之前，只要耗尽层中的电场足以引起碰撞电离，通过耗尽层的载流子就会具有某个平均的雪崩倍增值。

　　碰撞电离效应也可以引起光生载流子的雪崩倍增，从而使半导体光电二极管具有内部的光电流增益。1953 年，K.G.麦克凯和 K.B.麦卡菲报道锗和硅的 PN 结在接近击穿时的光电流倍增现象。1955 年，S.L.密勒指出在突变 PN 结中，载流子的倍增因子 M 随反向偏压 V 的变化可以近似用下列经验公式表示。

$$M=1/[1-(V/V_B)^n]　　　　　　　　　　(9-20)$$

式中，V_B 为体击穿电压；n 为一个与材料性质及注入载流子的类型有关的指数。当外加偏压非常接近于体击穿电压时，二极管获得很高的光电流增益。PN 结在任何小的局部区域的提前击穿都会使二极管的使用受到限制，因而只有当一个实际器件在整个 PN 结面上是高度均匀时，才能获得高且有用的平均光电流增益。因此，从工作状态来说，雪崩光电二极管实际上是工作接近(但没有达到)于雪崩击穿状态且高度均匀的半导体光电二极管。

　　性能良好的雪崩光电二极管的光电流平均增益可以达到几十倍、几百倍甚至更大。半导体中两种载流子的碰撞离化能力可能不同，因而使具有较高离化能力的载流子注入耗尽区有利于在相同的电场条件下获得较高的雪崩倍增。但是，光电流的这种雪崩倍增并不是绝对理想的。一方面，由于增益随注入光强的增加而下降，雪崩光电二极管的线性范围受到一定的限制；另一方面，由于载流子的碰撞电离是一种随机的过程，即每一个载流子在耗尽层内所获得的雪崩增益可以有很广泛的概率分布，因而倍增后的光电流 I 比倍增前的光电流 I_0 有更大的随机起伏，即光电流噪声有附加的增加。与真空光电倍增管相比，由于半导体中两种载流子都具有离化能力，所以这种起伏更为严重。

载流子在耗尽层中获得的雪崩增益越大，雪崩倍增过程所需的时间越长。因此，在高雪崩增益的情况下，这种限制可能成为影响雪崩光电二极管响应速度的主要因素之一。但在适中的增益下，与其他影响光电二极管响应速度的因素相比，这种限制往往不起主要作用，因而雪崩光电二极管仍然能获得很高的响应速度。

与真空光电倍增管相比，雪崩光电二极管具有小型、不需要高压电源等优点，因而更适于实际应用。与一般的半导体光电二极管相比，雪崩光电二极管具有灵敏度高等优点，特别当系统带宽比较大时，能使系统的探测性能获得很大的改善。

(4) 光敏三极管

光敏三极管与光敏二极管的结构相似，内部具有两个 PN 结，通常只有两个引出电极。光敏三极管在电路中与普通三极管的接法相同，管基极开路，集电结反偏，发射结正偏，如图 9-16 所示。

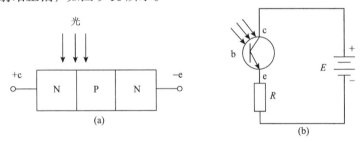

图 9-16　光敏三极管结构模型和基本工作电路
(a) 结构简化模型；(b) 基本工作电路

当无光照时，管集电结因反偏，集电极与基极间有反向饱和电流 I_{cbo}，该电流流入发射结经放大，使集电极与发射极之间有穿透电流 $I_{ceo}=(1+\beta)I_{cbo}$，即光敏三极管的暗电流。当有光照射光敏三极管集电结附近结区时，产生光生电子-空穴对，从而使集电结反向饱和电流(即光敏三极管集电结的光电流)大大增加。该电流流入发射结进行放大，成为集电极与发射极间电流，即光敏三极管的光电流，它将光敏二极管的光电流放大 $(1+\beta)$ 倍，所以，它通常具有比光敏二极管更高的光电转换灵敏度。

由于光敏三极管中对光敏感的部分仍然是光敏二极管，所以它们的特性基本相同，只是反应程度即灵敏度会有所差别，通常光敏三极管的灵敏度更高。

2. 光敏管的基本特性

(1) 光谱特性

光敏管在恒定电压作用和恒定光通量照射下，光电流(用相对值或相对灵敏度表示)与入射光波长的关系称为光敏管的光谱特性。光敏管主要有硅基、锗基和砷化镓基光敏管。图 9-17 中给出了硅和锗光敏管的光谱特性。图中可见：

硅光敏管，光谱响应波段 400~1100 nm，峰值响应波长约为 900 nm。可用于可见光和近红外检测。

锗光敏管，光谱响应波段 500~1800 nm，峰值响应波长约为 1500 nm。可见光波段相对较弱，一般用于红外检测。

砷化镓光敏管(图中没有给出)，光谱响应波段 450~850 nm，峰值响应波长约为 700 nm。一般用于可见光检测。

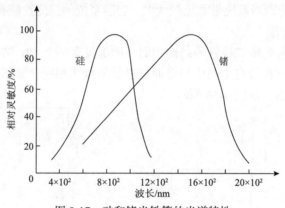

图 9-17　硅和锗光敏管的光谱特性

(2)伏安特性

光敏管在一定光照下,其端电压与器件中电流的关系称为光敏管的伏安特性。图 9-18 是硅光敏管在不同光照下的伏安特性。在一定照度下，光电流通常会随反向偏压的增大而略微增大。

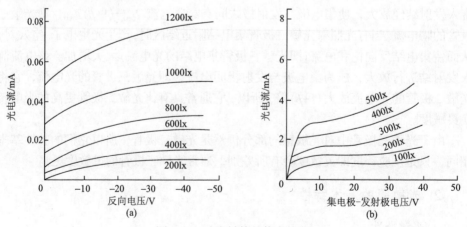

图 9-18　硅光敏管的伏安特性

(a)硅光敏二极管；(b)硅光敏三极管

(3) 光照特性

在端电压一定的条件下，光敏管的光电流与光照度的关系，称为光敏管的光照特性。Si 光敏管的光照特性如图 9-19 所示。

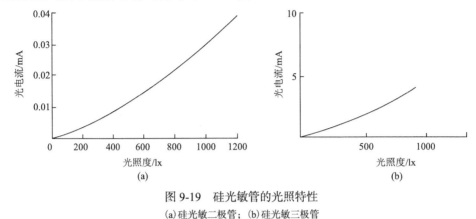

图 9-19 硅光敏管的光照特性

(a) 硅光敏二极管；(b) 硅光敏三极管

(4) 频率响应特性

光敏管的频率响应特性是指当具有一定闪烁频率的调制光照射光敏管时，光敏管输出的光电流(或负载上的电压)随入射光闪烁频率的变化关系。图 9-20 为硅光敏三极管的频率响应特性。

一般情况下，锗管的频率响应低于 5000 Hz，硅管的频率响应优于锗管。

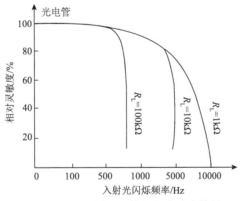

图 9-20 硅光敏三极管的频率响应特性

9.3.2 光敏管实验

1. 实验目的

掌握光敏管的工作原理、测试方法及常用的偏置工作电路。

2. 实验器材

浙江高联光电实验系统 CSY-2000G 主机箱、光电器件实验(一)模板、光敏二极管、光源、照度计探头、滤光片、万用表、照度计、光敏三极管。

3. 实验内容和步骤

(1)暗电流和亮电流的测量

按图 9-13 安装好普通光源、照度计探头及遮光筒,将主机箱的 0~12 V 可调电源与电流表串接后和普通光源的两个插孔相连,可调电源的调节旋钮逆时针方向慢慢旋到底。将照度计探头的两个插孔与主机箱照度计输入端"+""−"相应连接。打开主机箱电源,顺时针方向慢慢增加 0~12 V 可调电源,监测光源的驱动电流(不得超过额定电流,否则易烧毁灯泡),使主机箱照度计显示 100 lx。

撤下照度计连线及探头,换上光敏二极管。将光敏二极管接入光电器件(一)实验模板上的光敏器件输入端口,接上电流表和电源,注意接线的正负极性,不要接错,光电二极管电路电压取 6 V。

检查接线正确后,接通电源,在光敏二极管与光源之间用遮光筒连接后,10 s左右(可观察主机箱上的定时器)读取电流表的值,该值为亮电流 $I_{亮}$。

拿开灯泡光源,用手直接遮挡遮光筒,使光不照到光敏电阻的光接收面;或者将光源的驱动电源调节旋钮逆时针方向慢慢旋到底,即将驱动电压调至 0 后,保证光源不发光。10 s 左右读取电流表的值,该值为暗电流 $I_{暗}$。

用同样方法测量光敏三极管的亮电流和暗电流。

(2)光照特性测量

光敏二极管的光电流随光照度的变化而变化,当反偏电压合适时(本实验中取6 V),在一定的光照范围内光电流与光照度关系是接近线性的。先确定光源的额定电流 I_0,逐渐增大光源的驱动电压并监测光源的驱动电流,调节光源驱动电流至 $I_0/10$ 时,记录流过光敏二极管的光电流,并换用照度计测量光敏二极管接收光面受到的照度,将光源驱动电流、照度数据和光电流数据计入自行设计的表格中。每增大约 $I_0/10$ 光源驱动电流测量并记录一次数据,至光源驱动电流约为额定电流时为止。根据所测数据做出光敏二极管的光电流随光照度的变化曲线图。

光敏三极管的光电流也随光照度的变化而变化,但通常线性关系不如光敏二极管。用同样方法测出光敏三极管的光电流随光照度的变化,并做出相应曲线。

(3)伏安特性的测量

在一定的光照强度下,光电流随外加电压的变化而变化,对光敏二极管来说,这种变化比光敏电阻要小得多。测量时,调节光源的驱动电源,使流过光源的电流为 $4I_0/5$。光敏二极管接入−12~12 V 可调电源,对其进行调节(由电压表监测),

在 0~1.0 V 内，每隔 0.2 V 测量流过光敏二极管的光电流；在 1.0~8.0 V 内，每隔 0.5 V 测量流过光敏二极管的光电流，并填入自行设计的数据表格中。调节光源的驱动电源，使流过光源的电流为 $3 I_0/5$ 和 $2 I_0/5$，分别改变光敏二极管输入的可调电压(和前面所述相似)，测量流过光敏二极管的光电流，并填入自行设计的数据表格中。

根据所记录数据，做出三个不同照度下光敏二极管的伏安特性曲线。

用同样方法测出三个不同照度下光敏三极管的伏安特性数据，并做出相应曲线。

(4) 光谱特性的测量

光敏二极管对不同波长的光，其接收的光灵敏度是不一样的。实验时的线路接法同图 9-13，在光路装置中先用照度计窗口对准遮光筒，然后撤下光源前盖，更换不同的滤光片，得到对应各种颜色的光。作光谱特性时，需调节光源强度(调 0~12 V 可调电源)，得到相同的照度(特别注意光源的驱动电流不可高于额定电流)。测量光敏二极管在某一固定工作电压(+6 V)、同一照度(如 30 lx)、不同波长(不同颜色滤片)时流过光敏二极管的电流值，将实验数据填入自行设计的表格中，并根据数据做出相应的光谱特性曲线。

用同样方法测出光敏三极管的光谱特性数据，并做出曲线。

9.3.3　光电池原理及其特性

光电池(photovoltaic cell)是利用光生伏特效应能在光的照射下产生电动势，将光能直接转变成电能的器件，它广泛用于光电转换、光电探测及光能利用等方面，特别是它可将太阳能直接转变为电能，因此又称为太阳能电池。光电池的种类很多，应用最广的是硅光电池和硒光电池等。

1. 光电池的结构和工作原理

以硅光电池为例，如图 9-21 所示，它实质上是一个大面积的 PN 结。当光照射到 PN 结上时，便在 PN 结两端产生电动势(P 区为正，N 区为负)，形成电源。

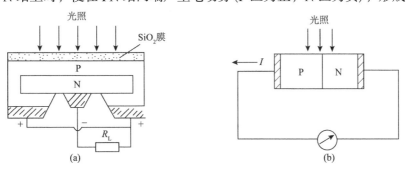

图 9-21　硅光电池

(a)结构简图；(b)工作原理示意图

光电池的机制：当 P 型半导体与 N 型半导体结合在一起时，由于载流子的扩散作用，在其交界处形成一过渡区，即 PN 结区，也称耗尽区，并在 PN 结区内形成内建电场，电场方向由 N 区指向 P 区，阻止载流子的继续扩散。当光照射到 PN 结时，其附近激发出电子–空穴对，在 PN 结内建电场的作用下，N 区的光生空穴被拉向 P 区，P 区的光生电子被拉向 N 区，结果在 N 区聚集了电子，带负电，P 区聚集了空穴，带正电。这样 N 区和 P 区间出现了电势差，若用导线连接 PN 结两端，则电路中便有电流流过，电流方向由 P 区经外电路至 N 区，若将电路断开，便可测出光生电动势。

2. 光电池的基本特性

(1)光谱特性

光电池对不同波长的光，其光电转换灵敏度是不同的，这就是光电池的光谱特性，如图 9-22 所示。

硅光电池：光谱响应范围为 400～1200 nm，光谱响应峰值波长在 800 nm 附近。

硒光电池：光谱响应范围为 380～750 nm，光谱响应峰值波长在 500 nm 附近，与人眼视觉的灵敏度很像。

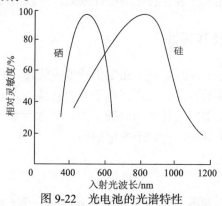

图 9-22　光电池的光谱特性

(2)光照特性

光电池在不同照度下，其光电流和光电压是不同的。硅光电池的开路电压和短路电流与光照度的关系曲线如图 9-23 所示。

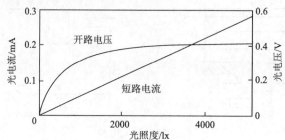

图 9-23　硅光电池的开路电压和短路电流与光照度的关系曲线

开路电压与光照度的关系是非线性的，且当光照度较大时(如 1000 lx)出现饱和，故其不宜作为检测信号。

短路电流(负载电阻很小时的电流)与光照度的关系在很大范围内是线性的，负载电阻越小，线性度越好(图 9-24)，因此光电池作为检测元件时，是将其短路电流作为电流源的形式来使用。

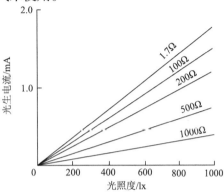

图 9-24　硅光电池在不同负载下的光照特性

(3)伏安特性

伏安特性测试电路如图 9-25 所示，图中的电阻为可变电阻。当硅光电池输入的光强度不变，负载在一定的范围内变化时，光电池的输出电压和输出电流随负载电阻变化的关系曲线称为硅光电池的伏安特性。伏安特性曲线通常如图 9-26 所示。

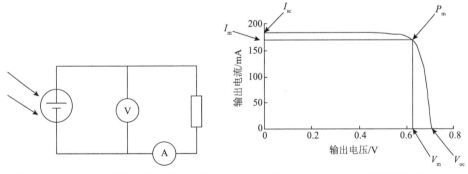

图 9-25　硅光电池的伏安特性测试电路　　　图 9-26　硅光电池的伏安特性

图中的 I_{sc} 为短路电流，V_{oc} 为开路电压。伏安特性曲线也可以看作太阳能电池的输出特性，也就是输出电压与输出电流之间的关系。一节太阳能电池的开路电压为 0.5~0.8 V。I_{sc} 为太阳能电池的短路电流，短路电流大小随光强度的不同而不同。当负载变化时，工作点沿曲线变化，输出功率最大的工作点为 P_m。图中 $V_m \times I_m$ 与 $V_{oc} \times I_{sc}$ 之比叫作曲线因子，曲线因子一般小于 1，为 0.5~0.8。太阳能电池的变换效率为输出能量与入射能量之比，表示太阳能将不同频率的光对应的光能变换为电能的比例。

(4) 频率响应特性

光电池的频率响应特性是指其输出电流随入射光闪烁频率变化的关系，如图 9-27 所示。

硅光电池响应频率相对较高，高速计数的光电转换中一般采用硅光电池；硒光电池响应频率较低，不宜用作快速光电转换。

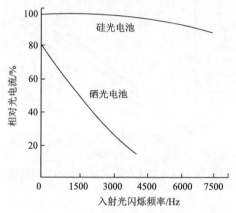

图 9-27　光电池的频率响应特性

(5) 温度特性

光电池的温度特性是指其开路电压和短路电流随温度变化的关系。

图 9-28 是硅光电池在 1000 lx 照度下的温度特性曲线。由图可见，开路电压随温度升高下降很快，约 3 mV/℃；短路电流随温度升高而缓慢增加，约 2×10^{-6} A/℃。一般光电池的稳定性较好，正确使用其寿命可以很长。但要防止高温和强光照射，保存光电池时切忌短路，以免 PN 结局部温度过高导致半导体中杂质原子扩散，从而破坏 PN 结。

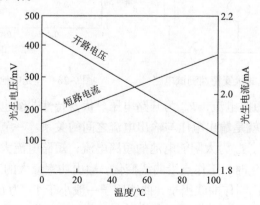

图 9-28　硅光电池的温度特性 (照度为 1000 lx)

9.3.4　硅光电池实验

1. 实验目的

掌握硅光电池的光照输出特性、光谱特性，熟悉硅光电池的评价参数。

2. 实验装置

浙江高联光电实验系统主机箱、光电器件实验(一)模板、滤光片、普通光源、照度计、硅光电池、照度计探头、万用表、电阻箱。

3. 实验内容和步骤

(1) 伏安特性的测量

将光源串接电流表后接入主机箱 0～12 V 可调电源(逆时针方向将可调电源的旋钮旋到底)；将硅光电池、电阻箱、电流计、电压表等按图 9-25 接线，注意正负极性，不要搞错。

将照度计探头两个插孔接到主机箱照度计输入端的相应插孔上，检查接线无误后，打开主机箱电源，将照度计探头用遮光筒与光源连接起来，调节接入光源的 0～12 V 可调电源，同时检测光源灯珠电流(电流不能超过灯珠的额定电流)，使照度计显示 100 lx。

将照度计探头换成硅光电池连到遮光筒上，由于硅光电池、电流表、电压表、电阻箱等按图 9-25 接线，此时电压表和电流表应该会有读数，电压表读数为百毫伏量级，电流为百微安量级。调节电阻箱阻值在 1～100 kΩ 变化，记录输出电压值和输出电流值随电阻值的变化，并将有关数据填入自行设计的表格中。根据所测数据绘出伏安特性曲线或硅光电池的输出特性曲线，并找出该硅光电池合适的工作点。

(2) 测量开路电压随照度的变化

将步骤(1)中硅光电池电路接线中的电阻箱断开,相当于将电压表直接接硅光电池的输出端，电压表内阻很大，所得电压即可认为是开路电压。确认光源发出的光可经过遮光筒照到光电池的受光面。

确定光源的额定电流 I_0 后，从 0 逐渐增大光源的驱动电压，并监测光源的驱动电流。当调节光源驱动电流至 $I_0/10$ 时，记录光电池的开路电压，并换用照度计测量光电池接收光面受到的照度，将光源驱动电流、照度数据和光电池的开路电压数据填入自行设计的表格中。每增大约 $I_0/10$ 光源驱动电流测量并记录一次数据，至光源驱动电流约为额定电流 I_0 时为止。根据所测数据做出硅光电池开路电压随光照度变化的曲线图。

(3) 测量短路电流随照度的变化

将步骤(1)中硅光电池电路接线的电阻箱短接,相当于将电流表直接接硅光电池的输出端,电流表内阻很小,所得电流即可认为是短路电流。确认光源发出的光可经过遮光筒照到硅光电池的受光面。

确定光源的额定电流 I_0 后,从 0 逐渐增大光源的驱动电压,监测光源的驱动电流。调节光源驱动电流至 I_0 /10 时,记录硅光电池的短路电流,并换用照度计测量硅光电池接收光面受到的照度,将光源驱动电流、照度数据和硅光电池的短路电流数据记入自行设计的表格中。每增大约 I_0 /10 光源驱动电流测量并记录一次数据,至光源驱动电流约为额定电流 I_0 时为止。根据所测数据做出硅光电池的短路电流随光照度的变化曲线图。

(4) 光谱特性测量

光电池在相同照度、不同波长的光照下,产生的光电流和光生电动势不同。用不同颜色的滤光片可得到不同波长的光。

测量光谱特性时,需调节光源强度(调 0～12 V 可调电压),得到相同的照度(特别注意光源的驱动电流不可高于额定电流)。与测短路电流的步骤方法相同,测量在同一照度下(如 30 lx),不同波长(通过换不同颜色滤片)时测量流过硅光电池的短路电流值,将实验数据填入自行设计的表格中,并根据数据做出相应的光谱特性曲线。

第 10 章　光电传感器原理及实验

光电传感器(photoelectric sensor)不同于光电探测元件，它通常由光源、光学元件和光电元件组成，可以完成较复杂的非电量(不只是光变化量)向电量的转换。按元件的应用方式或工作方式划分，通常有四种基本形式，如图 10-1 所示。

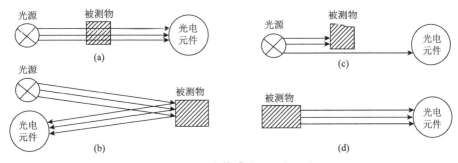

图 10-1　光电传感器的基本形式

(a)吸收式；(b)反射式；(c)遮光式；(d)辐射式

1)吸收式。将被测物体置于光路中，恒光源发出的光穿过被测物，部分被吸收后其透射光投射到光电元件上，如图 10-1(a)所示。透射光强度决定被测物对光吸收的大小，而吸收的光通量与被测物的透明度有关。利用此原理可制成用来测量液体、气体的透明度、浑浊度的光电比色计。

2)反射式。恒光源发出的光投射到被测物，再从被测物体表面反射后投射到光电元件，如图 10-1(b)所示。反射光通量取决于反射表面的性质、状态及其与光源间的距离。利用此原理可制成表面光洁度或粗糙度测试仪和位移测试仪等。

3)遮光式。光源发出的光经被测物遮去其中一部分，使投射到光电元件上的光通量改变，其变化程度与被测物在光路中的位置有关，如图 10-1(c)所示。这种形式可用于测量物体的尺寸、位置、振动、位移等。

4)辐射式。被测物本身就是光辐射源，所发射的光通量射向光电元件，如图 10-1(d)所示，也可经过一定光路后作用到光电元件上。这种形式可用于光电比色高温计、红外接近开关等。

光电传感器按信号的输出方式划分，可分为模拟式和脉冲式两类。模拟式光电传感器将被测量转换成连续变化的电信号，与被测量间呈单值对应关系。这种形式的传感器常用于检测仪器。脉冲式光电传感器的作用方式是光电元件的输出仅有两种稳定状态，即"通"和"断"的开关状态，也称为光电元件的开关应用状态。这种形式的光电传感器主要用于光电式转速表、光电计数器、光电继电器、红外接近开关等。

10.1　光开关原理及实验

10.1.1　光开关原理

光开关种类很多，我们举三个例子说明：光控晶闸管、常用光控电路和光电转速计。

1. 光控晶闸管

光控晶闸管是利用光信号控制电路通断的开关元件，属三端四层结构，有三个 PN 结 J_1、J_2、J_3，如图 10-2 所示。其特点在于控制极 G 不一定由电信号触发，也可以由光照触发。经触发后，A、K 间处于导通状态，直至电压下降到 V_{off} 或光照停止时关断。

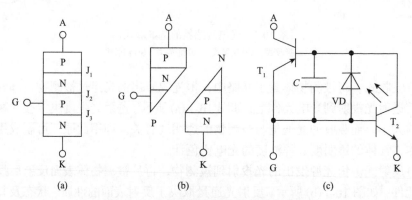

图 10-2　光控晶闸管结构及其等效电路

四层结构可视为两个三极管，如图 10-2(b) 所示。光敏区为 J_2 结。若入射光照射在光敏区，产生的光电流通过 J_2 结，当光电流大于某一阈值时，光控晶闸管便由断开状态迅速变为导通状态。

考虑光敏区的作用，其等效电路如图 10-2(c) 所示。当无光照时，光敏二极管 VD 无光电流，三极管 T_2 的基极电流仅是 T_1 的反向饱和电流，在正常外加电压下处于关断状态。一旦有光照射，光电流 I_P 将作为 T_2 的基极电流。如果 T_1、T_2 的放大倍数分别为 β_1、β_2，则 T_2 的集电极得到的电流是 $\beta_2 I_P$，此电流实际上又是 T_1 的基极电流，因而在 T_1 的集电极上又将产生一个 $\beta_1 \beta_2 I_P$ 的电流，这一电流又成为

T_2 的基极电流。如此循环反复，产生强烈的正反馈，整个器件就变为导通状态。

如果在 G、K 间接一电阻，必将分去一部分光敏二极管产生的光电流，这时要使光控晶闸管导通，就必须施加更强的光照。通常，可用这种方法调整器件的光触发灵敏度。

单向光控晶闸管的伏安特性如图 10-3 所示。图中，E_0、E_1、E_2 代表依次增大的照度，曲线 0~1 段为高阻状态，表示器件未导通；1~2 段表示由关断到导通的过渡状态；2~3 段为导通状态。

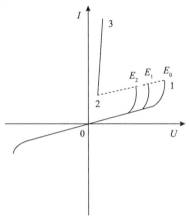

图 10-3　单向光控晶闸管伏安特性

光控晶闸管作为光控无触点开关使用方便，它与发光二极管配合可构成固态继电器，体积小、无火花、寿命长、动作快，并具有良好的电路隔离作用，在自动化领域得到了广泛应用。

2. 常用光控电路

(1)光电池控制开关电路

如图 10-4 所示，当有光照时，BG_1 管的基极电势升高，于是 BG_1 和 BG_2 三极管导通，继电器流过较大的电流，可以拉动衔铁启动开关。

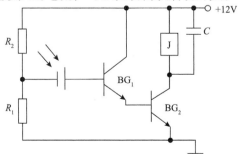

图 10-4　光电池控制开关电路

(2)光敏管控制开关电路

如图 10-5 所示，当有光照时，光敏管中流过较大的电流，使三极管基极电势升高，三极管导通，从而使 R_4 和 LED 流过较大的电流，点亮 LED 管。若将 LED 和 R_4 换成继电器，则电路可等效为光控继电器。

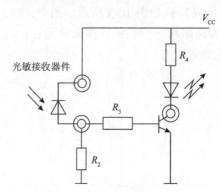

图 10-5　光敏管控制开关电路

3. 光电转速计

光电转速计主要有反射型和直射型两种基本类型，反射型光电转速计如图 10-6 所示。

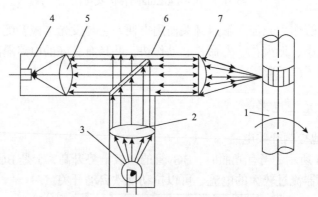

图 10-6　反射型光电转速计光路示意图

图 10-6 中 1 为转动的待测物体，沿转动轴安装了多个反射面；2、5、7 为聚光透镜；3 为光源；4 通常为光电二极管或光电三极管；6 为半反镜。显然，当转动的待测物 1 上的某反射面正对光敏管时，光敏管会输出电信号。

直射型光电转速计光路示意图见图 10-7。

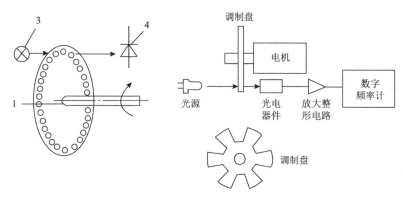

图 10-7　直射型光电转速计光路示意图

为了提高转速测量的分辨率，通常采用机械细分技术，使转动体每转动一周有多个(Z)反射光信号或透射光信号，图 10-7 中的转盘上做了很多等距的小孔，调制盘也分成了 6 等分。光敏管接收到信号后，经放大整形电路，可输出脉冲到数字频率计计数。

若直射型光电转速计调制盘上的孔(或齿)数为 Z(或反射型光电转速计转动轴上的反射体数为 Z)，测量电路计数时间为 T(s)，被测转速为 n(r/min)，则计数值为

$$N=nZT/60 \qquad\qquad (10\text{-}1)$$

为了使计数值 N 能直接读出转速值 n，一般取 $ZT=60 \times 10^{m}$($m=0$，1，2，$\cdots$)。

10.1.2　光电开关实验

1. 实验目的

掌握透射式光电开关及反射式红外光电接近开关的组成原理和应用(转速测量)。

2. 需用器件与单元

浙江高联光电实验系统主机箱中的±2～±10 V 步进可调直流稳压电源、光电器件实验模块(一)、发光二极管(或红外发射二极管)、光敏三极管(或光敏二极管)、光电开关实验模块、反射式光耦(光电接近开关)。主机箱中的转速调节 0～24 V 直流稳压电源、+5 V 直流稳压电源、电压表、频率/转速表；转动源、光电转速传感器–光电断续器(已装在转动源上)、万用表、电流表。

3. 实验内容和步骤

(1)透射式光电开关实验

按图 10-5 接入光敏二极管或光敏三极管，注意正负极不要接错；将电路的

V_{cc} 接上+10 V 电源，且正确接地。检查无误后，开启主机箱电源。在室内照明环境中，将光敏管的光接收面向光，可以看到模板上指示二极管发光；将光敏管的光接收面背光，可以看到模板上指示二极管不亮。

用示波器或电压表观察遮挡与不遮挡光敏管的光接收面时，图 10-5 中三极管集电极的电势变化。

(2) 反射式红外光电接近开关实验

将反射式光耦的红外发射管接线端接入光电开关实验模块的"发射"插孔，注意接线的极性；将光电开关实验模块接上+10 V 电源，并正确接地。

将反射式光耦的接收端按图 10-5 接入光电器件实验模块(一)中，电路的 V_{cc} 接上+10 V 电源，且正确接地。检查无误后，开启主机箱电源。当用手接近反射式光耦时，可以看到模板上指示二极管发光；当管口无反射物时，模板上指示二极管不亮。

(3) 自行设计实验

测量 3 种材料(金属表面、镜面、生物组织)靠近反射式光耦时，输出信号的差别。

(4) 转速测量

将主机箱中的转速调节 0~24 V 直流稳压电源旋钮调到最小(逆时针方向旋到底)后接入电压表(电压表量程切换开关打到 20 V 挡)，并接至转动电源驱动；转动电源接上+5 V 电源接线和地线，转动电源板的光电输出插孔(相当于图 10-5 中三极管集电极的输出)接入频率/转速表的信号输入端，注意完整信号输入是正负一起的，所以负的信号输入端要接地。将频率/转速表的开关按到转速挡。

检查接线无误后合上主机箱电源开关，在小于 12 V 内从 2 V 开始逐渐增加转动电源驱动电压，转盘开始转动后(电压表监测)，调节主机箱的转速调节 0~24 V 直流稳压电源(调节电压改变直流电机电枢电压)，每增加 0.5 V 观察电机转动及转速表的显示情况，并用示波器观察光电输出孔输出信号的波形，待读数稳定后，记下电压表读数和转速。根据所记录数据，做出电机的 V-n(电机电枢驱动电压与电机转速的关系)特性曲线。

10.2　光纤传感器原理及实验

由于光导纤维(光纤)技术的迅速发展，光纤的应用范围越来越广，将被测量与光纤内的导光联系起来就形成的光纤传感器，也得到了迅速的发展，可用于位移、压力、温度、流量、液位、电场、磁场等多种参量的测量。

10.2.1　光纤传感器的基本原理

1. 光纤的结构

光纤的基本结构如图 10-8 所示。纤芯：玻璃或石英，直径 Φ 为几十微米，折射率为 n_1；包层：玻璃或塑料，$\Phi=100\sim200\ \mu m$，折射率为 n_2；保护层：塑料，折射率为 n_3，其中 $n_2<n_3<n_1$，故称为**阶跃型光纤**，光在纤芯中传播。此外还有一种**梯度型光纤**，其断面折射率分布从中央的高折射率逐步变化到包层的低折射率。

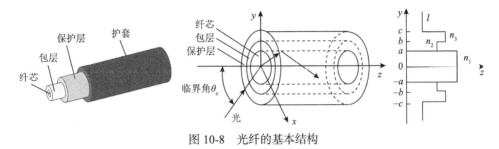

图 10-8　光纤的基本结构

2. 光纤的导光原理

光纤导光是利用光传输的全反射原理，如图 10-9 所示。

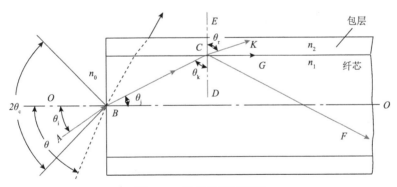

图 10-9　光纤导光示意图

由几何光学的折射定律可得出

$$n_0\sin\theta_i = n_1\sin\theta_j \tag{10-2}$$

$$n_1\sin\theta_k = n_2\sin\theta_r \tag{10-3}$$

由以上两式可以推出

$$\sin \theta_i = (n_1/n_0)\sin \theta_j = (n_1/n_0)\sin(90° - \theta_k)$$

$$= (n_1/n_0)\cos \theta_k = (n_1/n_0)\sqrt{1-\sin^2 \theta_k}$$

$$= (n_1/n_0)\sqrt{1-\left(\frac{n_2}{n_1}\sin \theta_r\right)^2} = \frac{1}{n_0}\sqrt{n_1^2 - n_2^2 \sin^2 \theta_r} \tag{10-4}$$

$$= \sqrt{n_1^2 - n_2^2 \sin^2 \theta_r} \quad (空气折射率 \approx 1)$$

当处于 $\theta_r = \pi/2$ 临界状态时，$\theta_i = \theta_c$，折射光线 CK 变为 CG，式(10-4)变为

$$\sin \theta_c = \sqrt{n_1^2 - n_2^2} = NA \tag{10-5}$$

纤维光学中把 $\sin \theta_c$ 定义为数值孔径(numerical aperture，NA)。由于 n_1 与 n_2 相差较小，即 $n_1 + n_2 \approx 2n_1$，则式(10-5)又变为

$$NA = \sin \theta_c \approx n_1 \sqrt{2\Delta}$$

式中，$\Delta = (n_1 - n_2)/n_1$，称为相对折射率差。由此可得：

当 $\theta_r = 90°$ 时，$\sin \theta_i = \sin \theta_c = NA$，$\theta_c = \arcsin NA$；

当 $\theta_r > 90°$ 时，光线发生全反射，$\theta_i < \theta_c = \arcsin NA$；

当 $\theta_r < 90°$ 时，式(10-4)成立，可以看出 $\sin \theta_i > \sin \theta_c = NA$，$\theta_i > \arcsin NA$，光线散失。

θ_c 是入射光线在纤芯中全反射传输的临界角，只要入射角小于 θ_c，全反射条件就成立。NA 越大，θ_c 越大，满足全反射条件的入射光的范围也越大。因此，NA 是光纤的一个重要参数。

传感器所用光纤一般要求：$0.2 \leqslant NA \leqslant 0.4 (11.5° \leqslant \theta_c \leqslant 23.6°)$；传输损耗 < 10 dB/km。

光纤的"模"：光纤中能传输的光波是其横向分量在光纤中形成驻波的光线组。这样一些光线组称为"模"。通信技术上常用的光纤有单模光纤和多模光纤。单模(基模)光纤：$\Phi 5 \sim 10$ μm 纤芯，只能传输一种模式(基模)的光波；多模光纤：$\Phi 50 \sim 150$ μm 纤芯，能传输多种模式的光波。

3. 光纤传感器的结构和类型

光纤传感器一般由光源、敏感元件、光导纤维、光敏元件(光电接收)和信号处理系统组成。按其工作原理可分为两种类型：功能型和传光型。

功能型光纤传感器是指利用光纤本身的某种特性或功能制成的传感器，如图 10-10 所示。也就是说，被测对象的某些参数变化引起光纤的折射率或其他导光性

能的变化,利用这种特性做成的传感器就属于功能型光纤传感器。功能型光纤传感器只能用单模光纤。

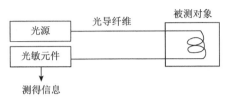

图 10-10　功能型光纤传感器的工作原理示意图

传光型光纤传感器是指光纤仅仅起传输光波的作用,必须在光纤端面加装其他敏感元件,才能构成传感器,如图 10-11 所示。传光型光纤传感器主要采用多模光纤。

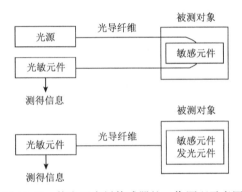

图 10-11　传光型光纤传感器的工作原理示意图

光纤传感器是利用被测对象的变化引起敏感元件的折射率、吸收或反射等参数的变化,而导致光强度或相位变化来实现敏感测量的传感器,然后用光敏元件或干涉仪来检测光强或相位的变化,从而可知被测对象的变化。若敏感元件就是光纤本身,这种传感器就是功能型光纤传感器;若敏感元件不是光纤本身,则需要另加其他敏感元件,这种传感器就是传光型光纤传感器。

4. 反射型光纤位移传感器的工作原理

反射型光纤位移传感器由两束光纤混合后,组成 Y 形光纤,呈半圆分布即双 D 分布,光纤纤芯半圆截面的半径为 a。一束光纤端部与光源相接发射光束,另一束光纤端部与光电转换器相接接收光束。两光束混合后的端部是工作端,也称为探头,它与被测体相距 z,由光源发送的光束传到端部发射后再经被测体反射回来,另一光束接收光信号经光电转换器转换成电量,如图 10-12 所示。

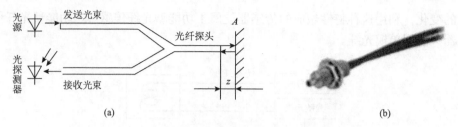

图 10-12　反射型光纤位移传感器工作原理及器件实物
(a)反射型光纤位移传感器工作原理示意图；(b)Y 形光纤照片

　　反射型光纤位移传感器的位移测量是根据传送光纤的光场与受讯光纤交叉地方视景作决定的。当光纤探头与被测物接触为零间隙时($z=0$)，则全部传输光量直接被反射至传输光纤。没有提供光给接收端的光纤，无输出信号。当探头与被测物之间的距离增加至 z_0 时，接收端光纤才开始接收到反射光，即

$$z_0 = \frac{d\sqrt{1-N^2}}{2N} \tag{10-6}$$

式中，d 为两耦合光纤纤芯之间的距离；N 为光纤的数值孔径。当继续增大发射端间距时，接收端光纤接收的光量增多，输出信号增大；当探头与被测物之间的距离增加到一定值时，接收端光纤全部被照明，输出信号也就达到了峰值。达到峰值时的距离为 $z_{\max}$，即

$$z_{\max} \approx \frac{(d+2a)\sqrt{1-N^2}}{2N} \tag{10-7}$$

　　达到光峰值之后，当探头与被测物之间的距离继续增加时，将造成反射光扩散或超过接收端接收视野，使得输出信号与测量距离成反比例关系。如图 10-13 曲线所示，一般都选用线性范围较好的区域作为测试区域，如图 10-13 中的 AB 段和 CD 段。

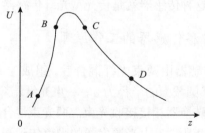

图 10-13　反射型光纤位移传感器的输出电压与位移关系

10.2.2　光纤位移传感器测位移特性实验

1. 实验目的

掌握光纤位移传感器的工作原理和性能。

2. 实验仪器与单元

浙江高联传感实验系统主机箱中的±15 V 直流稳压电源、电压表；反射型光纤位移传感器、位移光纤传感器实验模板、测微头、光反射面(铁圆片抛光反射面)。

3. 实验内容和步骤

1)观察光纤结构：两根多模光纤组成反射型光纤位移传感器。用自然光照射两根光纤尾部端面(包铁端部)，观察探头端面现象，当其中一根光纤的尾部端面用不透光纸挡住时，在探头端观察端面为半圆双 D 形结构。

2)按图 10-14 示意安装、接线。①安装光纤：安装光纤时，要用手抓捏两根光纤尾部包铁部分并将其轻轻插入光电座中，绝对不能用手抓捏光纤的黑色包皮部分进行插拔，插入时不要过分用力，以免损坏光电座组件中的光电管。②测微头、被测体安装：调节测微头的微分筒到 5 mm 处(测微头微分筒的 0 刻度与轴套 5 mm 刻度对准)，将测微头的安装套插入支架座安装孔内，在测微头的测杆上套上被测体(铁圆片抛光反射面)，移动测微头安装套使被测体的反射面紧贴住光纤探头并拧紧安装孔的紧固螺钉。

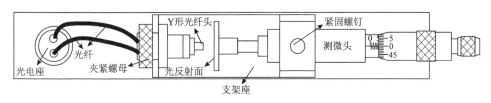

图 10-14　光纤位移传感器位移实验接线示意图

3)光纤位移传感器模板的放大输出端 V_{o1} 接入主机箱电压表，将电压表的量程切换开关切换到 20 V 挡；传感器模板接上正确的电源接线，检查接线无误后合上主机箱电源开关。

4)先拔出光电座的两光纤并将光纤头遮光，调节实验模板上的 R_w，使主机箱中的电压表显示为 0 V，然后再将光纤头插入光电座中。

5)调动测微头的微分筒，先将光反射面调到几乎与 Y 形光纤头接触，然后再向远离光纤头方向调动,每隔 0.1 mm 读取电压表显示值,填入自行设计的表格中。实验完毕，关闭电源。

6)根据记录数据画出实验曲线，并找出线性区域较好的范围计算灵敏度和非线性误差。若已知光纤的数值孔径为 0.32，请估算光纤传感器纤芯之间的间距和纤芯的半径。

第 11 章　红外传感器原理及实验

红外辐射也称红外线(infrared ray)，即波长为 0.76～100 μm 的电磁波。各种电磁波的波长范围如图 11-1 所示，红外传感技术中主要应用的是波长为 0.8～40 μm 的红外线。红外传感器(infrared transducer)是指利用红外线的物理性质进行相关测量的传感器。

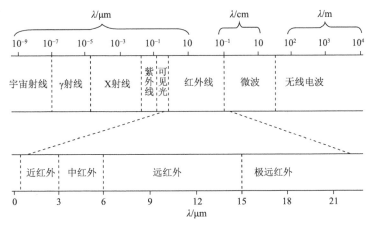

图 11-1　各种电磁波的波长范围

11.1　红外辐射和红外探测的基础知识

11.1.1　红外辐射基本定律

1. 基尔霍夫定律

德国物理学家古斯塔夫·罗伯特·基尔霍夫(Gustav Robert Kirchhoff)于 1859 年提出传热学定律，用于描述物体的发射率与吸收比之间的关系。物体在一定温度下，与外界处于热平衡时，单位时间内从单位面积发射出的辐射能(即发射本领) E_R 可表示为

$$E_R = \varepsilon E_0 \tag{11-1}$$

式中，ε 为比辐射率，也称为黑度，绝对黑体的 $\varepsilon=1$，一般物体的 $\varepsilon<1$；E_0 为只和温度有关的常数，指绝对黑体在相同条件下的发射本领。

2. 斯特藩-玻尔兹曼定律

物体温度越高，向外辐射的能量越多。在单位时间内，物体单位面积辐射的总能量 E_R 为

$$E_R = \sigma\varepsilon T^4 \tag{11-2}$$

式中，T 为物体的热力学温度(K)；σ 为斯特藩-玻尔兹曼(Stefan-Boltzmann)常数，$\sigma=5.67\times10^{-8}\ \mathrm{W/(m^2 \cdot K^4)}$。此式表明，温度对热辐射的影响极大。低温时热辐射常可忽略(如普通换热器中)；高温时(如炉膛内)热辐射则成为传热的主要方式。

该定律由斯洛文尼亚物理学家约瑟夫·斯特藩(Jožef Stefan)和奥地利物理学家路德维希·爱德华·玻尔兹曼(Ludwig Edward Boltzmann)分别于 1879 年和 1884 年各自独立提出。斯特藩通过对实验数据的归纳总结提出定律，玻尔兹曼则是从热力学理论出发，通过假设用光(电磁波辐射)代替气体作为热机的工作介质，最终推导出与斯特藩的归纳结果相同的结论。

3. 维恩位移定律

红外辐射的电磁波中包含各种波长，其辐射**能谱峰值**波长 λ_m 与物体自身的温度 T 成反比，即

$$\lambda_m = b/T = 2898/T\ (\mu m) \tag{11-3}$$

式中，$b=0.002898\ \mathrm{m \cdot K}=2898\ \mu m \cdot K$，称为维恩(Wien)常量。由式(11-3)可知，随着温度 T 的升高，其能谱峰值波长 λ_m 向短波方向移动。

图 11-2 为黑体的发射本领按波长和温度的分布曲线。一般物体的热辐射特性与此相似。维恩位移定律是针对黑体来说的，对一般的辐射体仍然适用。物体温度越高，其光谱辐射力(即某一频率的光辐射能量的能力)的最大值所对应的波长越短，而除绝对零度外其他任何温度下物体辐射的光的频率都是从零到无穷的，只是各个不同的温度对应的"波长-能量"图形不同，而实际物体都是黑体乘以黑度对应灰体的理想情况。譬如在宇宙中，不同恒星随表面温度的不同会显示出不同的颜色，温度较高的显蓝色，次之显白色，濒临燃尽而膨胀的红巨星表面温度只有 2000～3000 K，因而显红色。太阳的表面温度是 5778 K，根据维恩位移定律计算得到的峰值辐射波长为 502 nm，这近似处于可见光光谱范围的中点，为黄光。与太阳表面相比，通电的白炽灯的温度要低数千度，所以白炽灯的辐射光谱偏橙色。至于处于"红热"状态的电炉丝等物体，温度要更低，所以更加显红色。温度继续

下降，辐射波长便超出了可见光范围，进入红外区，譬如人体释放的辐射主要就是红外线，军事上使用的红外线夜视仪就是通过探测红外线来进行"夜视"的。

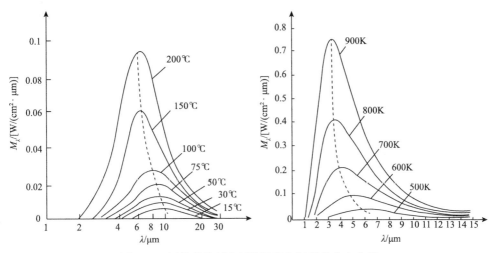

图 11-2　黑体的发射本领按波长和温度的分布曲线

斯特藩-玻尔兹曼定律和维恩位移定律有许多实际的应用，例如，通过测定星体的谱线分布来确定星体表面的热力学温度；也可以通过比较物体表面不同区域的颜色变化情况来确定物体表面的温度分布，这种以图形表示出的热力学温度分布又称为热象图。利用热象图的遥感技术可以监测森林防火，也可以用来监测人体某些部位的病变。热象图的应用范围日益广泛，在宇航、工业、医学、军事等方面应用较为广泛。

4. 红外测温中影响测量结果的主要因素

利用三大辐射定律制成的测温装置为红外温度仪表，这种测温装置为非接触式测量。实际红外器件能接收到的红外线照射和红外光路系统的关系是很大的。红外传感器可以正常接收到物体发射出的红外线，并使之转换成电压信号，经数字化后直接显示温度，显然这个信号与传感器距被测体的远近、待测体表面积等都有关系。影响测量结果的因素有很多，除仪器本身的因素外，主要表现在以下几个方面。

(1)物体表面的辐射率

辐射率是一个物体相对于黑体辐射能力大小的物理量，它除了与物体的材料、形状、表面粗糙度、凹凸度等有关，还与测试的方向有关。若物体为光洁表面，其方向性更为敏感。不同物质的辐射率是不同的，红外测温仪从物体上接收到的辐射能量正比于它的辐射率。

根据基尔霍夫定律：物体表面的半球单色发射率(ε)等于其半球单色吸收率(α)，即 $\varepsilon=\alpha$。在热平衡条件下，物体辐射功率等于它的吸收功率，即吸收率(α)、反射率(ρ)、透射率(γ)总和为1，即 $\alpha+\rho+\gamma=1$，图 11-3 给出了各参数的示意图。对于不透明的（或具有一定厚度）的物体透射率可视为 0，只有辐射和反射（即 $\alpha+\rho=1$），物体的辐射率越高，反射率就越小，背景和反射的影响就会越小，测试的准确性也就越高；反之，背景温度越高或反射率越高，对测试的影响就越大。由此可以看出，在实际的检测过程中必须注意不同物体和测温仪对应的辐射率，对辐射率的设定要尽量准确，以减小所测温度的误差。

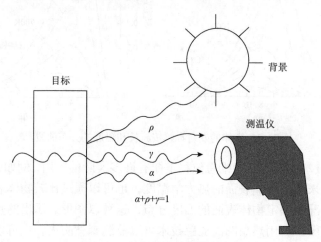

图 11-3　目标的红外辐射示意图

（2）测试角度

辐射率与测试方向有关，测试角度越大，测试误差越大，在用红外进行测温时，这一点很容易被忽视。一般来说，测试角最好在30°以内，一般不宜大于45°，如果不得不大于 45°进行测试，可以适当地调低辐射率进行修正。如果对两个相同物体的测温数据进行判断分析，那么在测试时的测试角一定要相同，这样才更具有可比性。

（3）距离系数

距离系数 K 是测温仪到目标的距离 S 与测温目标直径 D 的比值，即 $K=S:D$，它对红外测温的精确度有很大影响，K 值越大，分辨率越高。因此，如果测温仪由于环境条件限制必须安装在远离目标之处，而又要测量小的目标，就应选择高光学分辨率的测温仪，以减小测量误差。在实际使用中，许多人忽略了测温仪的光学分辨率，不管被测目标点直径 D 大小，打开激光束对准测量目标就测试。实际上他们忽略了该测温仪的 $S:D$ 值的要求，这样测出的温度会有一定的误差。

(4)目标尺寸

被测物体和测温仪视场决定了仪器测量的精度。使用红外测温仪测温时，一般只能测定被测目标表面上确定面积的平均值。一般测试时目标与视场有以下三种情况，如图 11-4 所示。

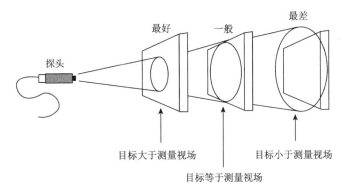

图 11-4 目标与视场示意图

①当被测目标大于测量视场时，测温仪不会受到测量区域外面背景的影响，就能显示被测物体位于光学目标内确定面积的真实温度，这时的测试效果最好。②当被测目标等于测量视场时，背景温度已受到影响，但还比较小，测试效果一般。③当被测目标小于测量视场时，背景辐射能量就会进入测温仪的视场中干扰测温读数，造成较大误差。仪器仅显示被测物体和背景温度的加权平均值。建议实际测温时，被测目标尺寸超过视场大小的 50%为宜。

(5)响应时间

响应时间表示红外测温仪对被测温度变化的反应速度，定义为到达最后读数95%的能量所需要的时间，它与光电探测器、信号处理电路及显示系统的时间常数有关。如果目标的运动速度很快或者测量快速加热的目标时，要选用快速响应红外测温仪，否则达不到足够的信号响应，会降低测量精度。但并不是所有应用都要求快速响应红外测温仪，对于静止的目标或目标的热过程存在热惯性时，对测温仪的响应时间要求可适当放宽。因此，红外测温仪响应时间的选择要和被测目标的情况相适应。

(6)强光背景目标

若被测目标有较亮背景光(特别是受太阳光或强灯直射)，则测量的准确性将受到影响，因此可用外物遮挡直射目标的强光以消除背景光干扰。例如，目前有一些焊锡行业用红外灯管预热、加热。用红外测温仪测焊锡的温度时，若不做任何处理直接测量，得到的一般是灯管温度，测量结果显著高于焊锡的实际温度，正确测量方法是先将灯管用薄金属封装起来，然后再进行测量。

11.1.2　红外探测器的原理

红外探测器(infrared detector)是将入射的红外辐射信号转变成电信号输出的器件。红外辐射是波长介于可见光与微波之间的电磁波，人眼察觉不到。要察觉这种辐射的存在并测量其强弱，必须把它转变成可以察觉和测量的其他物理量。一般说来，红外辐射照射物体所引起的任何效应，只要效果可以测量而且足够灵敏，均可用来度量红外辐射的强弱。现代红外探测器的原理主要是利用红外热效应和光电效应。这些效应的输出大多是电量，或者可用适当的方法将其转变成电量。由于光电效应器件和实验在其他章节中讲过，所以本节主要讨论红外热效应器件。

红外热效应器件，也称为热探测器(thermal detector)，是指利用探测元件吸收入射的红外辐射能量而引起温升，在此基础上借助各种物理效应把温升转变成电信号的一种探测器。它主要有以下几种类型：气动探测器、热敏电阻、热电偶或热电堆、热释电探测器。

1. 气动探测器

利用充气容器接受热辐射后温度升高、气体体积膨胀的原理，测量其容器壁的变化来确定红外辐射的强度，这是一种比较老式的探测器。但在 1947 年，经高莱改进以后的气动探测器使用光电管测量容器壁的微小变化，其灵敏度大大提高，所以这种气动探测器又称高莱管，其结构如图 11-5 所示。

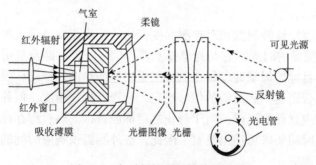

图 11-5　气动探测器的结构示意图

红外辐射通过凸透镜和红外窗口照射到吸收薄膜上，此薄膜将吸收的能量传送到气室内，气体温度升高、气压增大，致使镀银的柔镜膨胀。在气室的另一边，可见光源通过透镜、光栅、柔镜右侧反射镜、反射镜投射到光电管上。当柔镜因气体压力增大而移动时，光栅图像与光栅光阑发生相对位移，使落到光电管上的光量发生变化。光电管的输出信号反映了红外辐射的强弱。

当没有红外辐射入射时,不透光的栅线刚好成像到下半边光栅透光的栅线上,透光栅线刚好成像到下半边光栅不透光的栅线上,所以没有光量透过下半边光栅射到光电管上,因此输出结果为零。

气动探测器具有灵敏度高、性能稳定的优点,其使用的调制频率比较低,一般小于 20 Hz,光谱响应波段很宽,从可见光到微波,范围较广,能探测弱光。但是这种探测器时间响应较慢,约为 15 ms,一般用在实验室内作为其他红外器件的标定基准。

2. 热敏电阻

热敏电阻的阻值随自身温度的变化而变化。它的温度取决于吸收辐射、工作时所加电流产生的焦耳热、环境温度和散热情况。检测红外的热敏电阻基本上是用半导体材料制成的,常用负温度系数(NTC)和正温度系数(PTC)两种热敏电阻。

热敏电阻通常为两端器件,但也有制成三端、四端的。两端器件或三端器件属于直接加热型,四端器件属于间接加热型。热敏电阻通常都制得比较小,外形有珠状、环状和薄片状。常用的热敏电阻红外探测器结构和电路如图 11-6 所示。

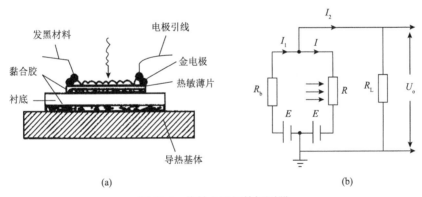

图 11-6　热敏电阻红外探测器
(a)结构;(b)桥式测量电路

用负温度系数的氧化物半导体(一般是锰、镍和钴的氧化物的混合物)制成的热敏电阻测辐射热器常为两个元件:一个为主元件,正对窗口,接收红外辐射,如图 11-6(b)中的 R;另一个为补偿元件,性能与主元件相同,如图 11-6(b)中的 R_b,不接收红外辐射,只起温度补偿作用。两元件彼此独立,封装于同一管壳内。这种探测的响应时间可达到 2 ms 内,且结构牢固、稳定可靠,可用于野外工作。

3. 热电偶或热电堆

热电偶是最古老的热探测器之一，目前仍得到广泛的应用。热电偶是基于温差电效应工作的。单个热电偶提供的温差电动势比较小，满足不了某些红外测试应用的要求，所以常把几个或几十个热电偶串接起来组成热电堆。热电堆可以提供比单个热电偶更大的温差电动势。新型的热电堆常采用薄膜技术制成，因此称为薄膜型热电堆。

用多个微型热电偶串联起来，将其工作端密集地排列在很小的面积上，使入射红外线照射在工作端上，参考端则处于掩蔽场所，可以获得一定的热电势。显然，这种探测器对波长无选择性，响应频率范围宽；但通常这类器件时间常数较大，不能测快速变化的红外辐射。

4. 热释电探测器

热释电探测器是发展较晚的一种热探测器。如今，不仅单元热释电探测器已成熟，而且多元列阵型元件也成功地获得应用。热释电探测器的探测效率比光子探测器的探测率低，但它的光谱响应范围宽，在室温下工作稳定，已在红外热成像、红外摄像管、非接触测温、入侵报警、红外光谱仪、激光测量和亚毫米波测量等方面获得较广泛的应用。它已成为一种重要的红外探测器。

热释电探测器是利用热释电效应做成的。当某些强电介质的温度发生变化时，在这些物质的表面上就会产生束缚电荷的变化，这种现象称为热释电效应。

热释电红外传感器如图 11-7 所示。热释电红外传感器由热释电元件(热释电探测器)、硅窗和场效应管三部分组成。将高热释电系数材料如锆钛酸铅系陶瓷、钽酸锂、硫酸三甘肽等制成一定厚度的薄片，并在它的两面镀上金属电极，然后加电对其进行极化，这样便制成了热释电元件。通常每个探测器内装入一对热

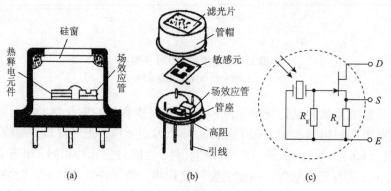

图 11-7　热释电红外传感器
(a)外形；(b)内部结构；(c)电路

释电元件，并将两个热释电元件以反极性串联，以抑制由自身温度升高而产生的干扰。由于热释电元件输出的是电荷信号，并不能直接使用，因而需要用电阻将其转换为电压形式,故引入的 N 沟道结型场效应管接成共漏形式来完成阻抗变换。

热释电红外响应的带宽很宽，根据不同的检测要求通常都要加干涉滤光片。例如，专门用作探测人体辐射的红外线传感器需要专用的滤光片。人体辐射的红外线中心波长为 9～10 μm，而探测元件的波长灵敏度在 0.2～20 μm 几乎稳定不变。在传感器顶端开设了一个装有滤光片的窗口，这个滤光片可通过波长范围为 7～10 μm 的光，正好适合于人体红外辐射的探测，而其他波长的红外线由滤光片予以吸收，这样便形成了探测人体辐射的红外线传感器。

为了提高探测器的探测灵敏度以增大探测距离，一般在探测器的前方装设一个菲涅耳透镜，该透镜用透明塑料制成，将透镜的上、下两部分各分成若干等份，制成一种具有特殊光学系统的透镜，它和放大电路相配合，可将信号放大 70 dB以上，这样就可以测出 20 m 范围内人的行动。

菲涅耳透镜利用透镜的特殊光学原理,在探测器前方产生一个交替变化的"盲区"和"高灵敏区"，以提高它的探测接收灵敏度。当有人从透镜前走过时，人体发出的红外线就不断地交替从"盲区"进入"高灵敏区"，这样就使接收到的红外信号以忽强忽弱的脉冲形式输入，从而增强其响应灵敏度。

场效应管将器件的热释电荷变化转变成电压变化，但该电压还是比较弱的，以此去驱动报警器等器件是不够的，通常需要放大电路。热释电红外探测器及其放大电路如图 11-8 所示。

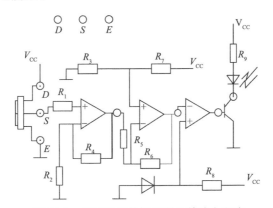

图 11-8　热释电红外探测器及其放大电路

从场效应管输出的 S 端电压经三级放大后驱动 LED，由于 LED 的光强在某一定范围内与通过的电流几乎成正比，所以图 11-8 中电路就将红外线的强弱变化转变成了可见光的变化，将图中电路的 LED 换成继电器等就可驱动或控制其他设备。

11.2　红外传感实验

红外传感器的应用很多，概括起来有以下几个方面。

1)辐射计：用于辐射和光谱测量，如红外光谱仪、红外测温系统等。

2)搜索和跟踪系统：用于搜索和跟踪红外目标，确定其空间位置并对它的运动进行跟踪，如导弹跟踪系统。

3)热成像系统：可产生整个目标红外辐射的分布图像，如红外夜视仪、热成像仪等。

4)红外测距和通信系统：如遥控器、红外尺等。

5)混合系统：是指以上各类系统中的两个或者多个的组合。

本节我们做两个与红外测量相关的实验。

11.2.1　红外传感基础实验

1. 实验目的

掌握红外测温传感器的原理以及红外测温中需注意的一些基本问题。

2. 需用器件与单元

温度源(自带控温和温度显示)、红外温度测量计；卷尺、量角尺。

3. 实验内容及步骤

1)认真阅读红外温度测量计的说明书，掌握基本使用方法。

2)将温度源放在地面上，温度调至 100 ℃，在升温过程中，练习使用红外温度测量计(以下简称温度计)，并将所测温度与温度源自带的温度显示相比较。

3)观测温度计与被测物体之间的距离对测量结果的影响。待温度源温度升至 100 ℃且基本稳定后，使温度计在温度源正上方 2 m 正对温度源表面开始测量温度，记录温度计与温度源表面的距离和温度计读数，填入自行设计的表格中。逐渐减小温度计和温度源之间的距离，每隔 10 cm 记录一次温度计的读数，将温度计与温度源表面的距离和温度计读数，填入自行设计的表格中，直至距离约为 10 cm 为止。根据数据做出温度测量值与距离之间的关系图，并判断仪器测量的合适距离。

4)观测角度对测量结果的影响。待测温度源仍保持 100 ℃，保持温度计与温度源的中心距离为 80 cm，从激光束垂直于温度源表面开始测量，逐渐使激光束向平行于温度源表面的方向移动(即逐渐减小激光束与温度源表面的倾角)，每隔约 10°记录一次测量数据，直至倾角约为 10°时为止。

5)将温度计与温度源中心的距离分别调整为 120 cm、160 cm、200 cm，其他与步骤 4)相同。将相应的数据计入自行设计的表格中，并做出温度计读数和角度之间的关系图。

6)将温度源调至 160 ℃，待温度升至 160 ℃且基本稳定后，使温度计正对温度源表面且保持距离为 50 cm，然后读数，并计入自行设计的表格中。将温度源温度设置为室温，然后温度源自然冷却降温，在降温过程中，每下降 5 ℃记录一次温度计的测量数据和温度源显示数据，直至接近室温，并将数据填入表格中。

7)根据表格数据，判断温度计的辐射率设置是否正确，若不正确，该调整为多少？调整后的测量值是否会更准确(以温度源显示读数作为基准参考值)。

11.2.2 红外传感综合实验

1. 实验目的

掌握红外检测的原理及动态法测量弛豫时间的方法，并测量出热释电红外测量系统的弛豫时间。

2. 实验器件与单元

光电器件实验(二)模板、主机箱各电表和电源、热释电红外探头、红外光源(可用红外接近开关代替)、示波器。

3. 实验内容和步骤

1)确定红外光发射二极管的相关参数。找出红外接近开关中光发射二极管的两条引线，已知该红外二极管的功率为 0.1 W，利用主机箱的可调直流电源、电压表、电流表、万用表等测出该红外二极管的额定电压 U_0 和额定电流 I_0，测出红外二极管的伏安特性曲线，根据伏安特性曲线确定二极管中开始有可观测电流的驱动电压 U_L。

2)搭建闪烁频率可变的红外线光源。用示波器监测音频振荡器输出，并将振荡器的输出幅度调至 $U_{max}=U_0-U_L$。将可调直流电源调至 $U=(U_0+U_L)/2$，然后将直流电源与音频振荡器输出串联作为电源驱动红外二极管。在这种电压的驱动下，红外二极管发出的红外线的强度为近似正弦的调制信号。

3)检测闪烁红外信号。将红外接近开关的红外光电三极管的两引线接入光电器件实验(一)模板中的光敏接收器件输入端口(注意接线极性)，并将模板接上+10 V 电源。检查接线正确后，接通电源。

将障碍面板(可以是手机外壳或手机显示面板,也可以就用实验模板的金属外壳)靠近红外接近开关的感应面,用示波器检测光电器件实验(一)模板上三极管集电极的输出电压,若一切正常,应该可以看到受正弦波调制的直流信号。记下调制信号的幅度和频率。

4)测量热释电红外探头的响应。拔出红外光电三极管的引线。将热释电红外探头的三引线与光电器件实验(二)模板的 D、S、E 插孔相连,电路图见图 11-8。接上模板的+5 V 电源;用遮光筒连接热释电红外探头和红外接近开关(也就是将红外接近开关的红外二极管的发光照到热释电红外探头上);用示波器观测模板上 LED 的 N 端插孔的输出电压波形。记下相应的波形、频率和幅度。

5)改变音频振荡器频率,重做 2)、3)、4)步骤,频率从 30~3000 Hz,选取约 8 个数据,通常可取 30 Hz、50 Hz、100 Hz、200 Hz、500 Hz、1000 Hz、2000 Hz、3000 Hz,将相应的测量结果计入自行设计的表格中。

6)根据所测数据,做出热释电红外测量系统的幅频特性曲线(特别注意,因为热释电红外探头与红外线的变化率相适应,所以激励信号或输入信号应该取步骤 3)中示波器看到的正弦调制信号对时间的导数),并根据幅频特性曲线和式(0-12a)计算传感系统的时间常数。

附录1 实验平台介绍及实验注意事项

1. 实验台的组成

浙江高联传感器与检测技术实验台由主机箱、温度源、转动源、振动源、传感器、相应的实验模板、实验台等组成。

1) 主机箱：提供高稳定的±15 V、±5 V、+5 V、±2～±10 V(步进可调)、+2～+24 V(连续可调)直流稳压电源；直流恒流源0.6～20 mA(可调)；音频信号源(音频振荡器)1～10 kHz(连续可调)；低频信号源(低频振荡器)1～30 Hz(连续可调)；气压源0～20 kPa(可调)；智能调节仪(器)；计算机通信口；主控箱面板上装有电压表、电流表、频率/转速表、气压表、光照度数显表；漏电保护开关等。其中，直流稳压电源、音频振荡器、低频振荡器都具有过载切断保护功能，在排除接线错误后重新开机才能恢复正常工作。

2) 振动源：振动台振动频率1～30 Hz(可调)(谐振频率9 Hz左右)。

3) 转动源：手动控制0～2400 r/min；自动控制300～2200 r/min。

4) 温度源：常温～160℃。

5) 传感器：基本型有电阻应变式传感器、扩散硅压力传感器、差动变压器、电容式位移传感器、霍尔位移传感器、霍尔转速传感器、磁电转速传感器、压电式传感器、电涡流传感器、光纤传感器、光电转速传感器(光电断续器)、集成温度传感器、K型热电偶、E型热电偶、Pt100铂热电阻、Cu50热铜电阻、湿度传感器、气敏传感器、光照度探头、纯白高亮发光二极管、红外发光二极管、光敏电阻、光敏二极管、光敏三极管、硅光电池、反射式光电开关共26个(其中2个发光源)、热释电红外传感器等。

6) 调理电路(实验模板)：基本型有应变式、压力、差动变压器、电容式、霍尔式、压电式、电涡流、光纤位移、温度、移相／相敏检波／低通滤波、光电器件等模板。

7) 实验台：尺寸为1600 mm×800 mm×750 mm，实验台上预留了示波器的安放位置。

2. 使用方法

1) 开机前将电压表显示选择旋钮打到2 V挡；电流表显示选择旋钮打到200 mA

挡；步进可调直流稳压电源旋钮打到±2 V挡；其余旋钮都打到中间位置。

2)将AC220 V电源线插头插入市电插座中，合上电源开关，光照度数显表显示0000，表示实验台已接通电源。

3)做每个实验前应先阅读实验指南，每个实验均应在断开电源的状态下按实验线路接好连接线(实验中用到可调直流电源时，应在该电源调到实验值后再接到实验线路中)，检查无误后方可接通电源。

4)合上智能调节仪(器)电源开关，在参数及状态设置好的情况下，智能调节仪(器)的PV窗显示测量值；SV窗显示给定值。

3. 注意事项

1)在实验前务必详细阅读实验指南。

2)实验过程中防止硬物撞击、划伤实验台面；防止传感器及实验模板跌落地面损坏。

3)严禁用酒精、有机溶剂或其他具有腐蚀性的溶液擦洗主控箱的面板和实验模板面板。

4)严禁将主控箱的电源、信号源输出端与地(⊥)短接，因短接时间长易造成电路故障。

5)严禁将主控箱的±电源引入实验模板时接错。

6)在更换接线时，应断开电源，只有在确保接线无误后方可接通电源。

7)实验完毕后，要将传感器、配件、实验模板及连线全部整理好，将传感器及实验模板等放回原处。

附录 2　温度源控制介绍

温度源有两种，一种是实验室自配的数显控温平板炉，一种是传感实验系统配备的控温炉。这里介绍第二种。

1. 温度源简介

当温度源的温度发生变化时，温度源中的 Pt100 铂热电阻(温度传感器)的阻值发生变化，将电阻变化量作为温度的反馈信号输给智能调节仪，经智能调节仪(器)的电阻-电压转换后与温度设定值比较再进行数字 PID 运算输出可控硅触发信号(加热)或继电器触发信号(冷却)，使温度源的温度趋近温度设定值。温度控制原理框图如图附-1 所示。

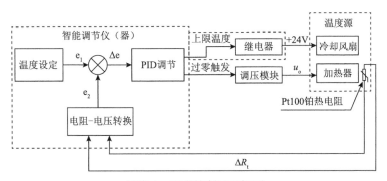

图附-1　温度控制原理框图

温度源是一个小铁箱子，内部装有加热器和冷却风扇；加热器上有两个测温孔,加热器的电源引线与外壳插座(外壳背面装有保险丝座和加热电源插座)相连；冷却风扇电源为+24 V(或 12 V)DC，它的电源引线与外壳正面的实验插孔相连。温度源外壳正面装有电源开关、指示灯和冷却风扇电源+24 V(或 12 V)DC 插孔；顶面有两个温度传感器的引入孔，它们与内部加热器的测温孔相对，其中一个为控制加热器加热的 Pt100 铂热电阻的插孔，另一个是温度实验传感器的插孔；背面有保险丝座和加热器电源插座。使用时将电源开关打开(o 为关，—为开)。从安全性、经济性及高的性价比考虑，且不影响学生掌握原理的前提下，温度源设计温度≤160℃。

2. 设置调节器温度控制参数

在温度源的电源开关关闭(断开)的情况下，按图附-2示意接线。

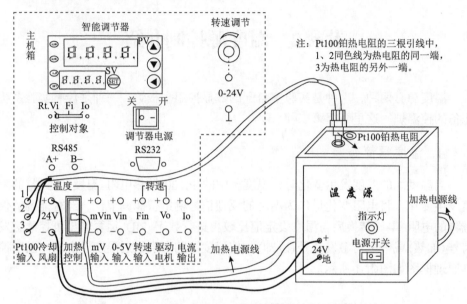

图附-2　温度源的温度调节控制实验接线示意图

　　检查接线无误后，合上主机箱上的总电源开关；将主机箱中的转速调节旋钮(0~24 V)顺时针旋到底，再将调节器的控制对象开关拨到 Rt.Vi 位置后再合上调节器电源开关，仪表上电后，仪表上显示窗(PV)显示随机数或 HH；下显示窗(SV)显示控制给定值(实验值)。按 SET 键并保持约 3 s，即进入参数设置状态。在参数设置状态下按 SET 键，仪表将按参数代码1~20依次在上显示窗显示参数符号，下显示窗显示其参数值，此时分别按◄、▼、▲三键可调整参数值，长按▼或▲可快速加或减，调好后按 SET 键确认保存数据，转到下一参数直至调完为止，长按 SET 将快捷退出，也可按 SET + ◄直接退出。如设置中途间隔10 s未操作，仪表将自动保存数据，退出设置状态。

　　具体设置转速控制参数的方法步骤如下。

　　1)首先设置 Sn(输入方式)：按住 SET 键保持约 3 s，仪表进入参数设置状态，PV 窗显示 AL-1(上限报警)。再按 SET 键11次，PV 窗显示 Sn(输入方式)，按▼、▲键可调整参数值，使 SV 窗显示 Pt1。

　　2)再按 SET 键，PV 窗显示 oP-A(主控输出方式)，按▼、▲键修改参数值，使 SV 窗显示 2。

　　3)再按 SET 键，PV 窗显示 oP-b(副控输出方式)，按▼、▲键修改参数值，使 SV 窗显示 1。

4) 再按 SET 键，PV 窗显示 ALP(报警方式)，按▼、▲键修改参数值，使 SV 窗显示 1。

5) 再按 SET 键，PV 窗显示 CooL(正反控制选择)，按▼键，使 SV 窗显示 0。

6) 再按 SET 键，PV 窗显示 P-SH(显示上限)，长按▲键修改参数值，使 SV 窗显示 180。

7) 再按 SET 键，PV 窗显示 P-SL(显示下限)，长按▼键修改参数值，使 SV 窗显示–1999。

8) 再按 SET 键，PV 窗显示 Addr(通信地址)，按◀、▼、▲三键调整参数值，使 SV 窗显示 1。

9) 再按 SET 键，PV 窗显示 bAud(通信波特率)，按◀、▼、▲三键调整参数值，使 SV 窗显示 9600。

10) 长按 SET 键快捷退出，再按住 SET 键保持约 3 s，仪表进入参数设置状态，PV 窗显示 AL-1(上限报警)；按◀、▼、▲三键可调整参数值，使 SV 窗显示实验给定值(如 100℃)。

11) 再按 SET 键，PV 窗显示 Pb(传感器误差修正)，按▼、▲键可调整参数值，使 SV 窗显示 0。

12) 再按 SET 键，PV 窗显示 P(速率参数)，按◀、▼、▲三键调整参数值，使 SV 窗显示 280。

13) 再按 SET 键，PV 窗显示 I(保持参数)，按◀、▼、▲三键调整参数值，使 SV 窗显示 380。

14) 再按 SET 键，PV 窗显示 d(滞后时间)，按◀、▼、▲三键调整参数值，使 SV 窗显示 70。

15) 再按 SET 键，PV 窗显示 FILt(滤波系数)，按▼、▲键可修改参数值，使 SV 窗显示 2。

16) 再按 SET 键，PV 窗显示 dp(小数点位置)，按▼、▲键修改参数值，使 SV 窗显示 1。

17) 再按 SET 键，PV 窗显示 outH(输出上限)，按◀、▼、▲三键调整参数值，使 SV 窗显示 110。

18) 再按 SET 键，PV 窗显示 outL(输出下限)，长按▼键，使 SV 窗显示 0 后释放▼键。

19) 再按 SET 键，PV 窗显示 At(自整定状态)，按▼键，使 SV 窗显示 0。

20) 再按 SET 键，PV 窗显示 LoCK(密码锁)，按▼键，使 SV 窗显示 0。

21) 长按 SET 键快捷退出，转速控制参数设置完毕。

3. 给定温度值的设定

1)按住▲键约 3 s，仪表进入"SP" 给定值(实验值)设置，此时可按上述方法按◄、▼、▲三键设定给定值，使 SV 窗显示值与 AL-1(上限报警)值一致(如100.0℃)。

2)再合上温度源的电源开关，在一较长时间内观察 PV 窗测量值的变化过程(最终在 SV 窗给定值附近调节波动)。

3)做其他任意一点温度值实验时(温度≤160℃)，只要重新设置 AL-1(上限报警)和"SP"给定值，即 AL-1(上限报警)="SP"给定值。设置方法：按住 SET 键保持约 3 s，仪表进入参数设置状态，PV 窗显示 AL-1(上限报警)。按◄、▼、▲键可修改参数值，使 SV 窗显示要新做的温度实验值；再长按 SET 键快捷退出之后，按住▲键约 3 s，仪表进入"SP"给定值(实验值)设置，此时可按◄、▼、▲三键修改给定值，使 SV 窗显示值与 AL-1(上限报警)值一致(要新做的温度实验值)。在一较长时间内观察 PV 窗测量值的变化过程(最终在 SV 窗给定值附近调节波动)。